Soybean milk

愛上豆漿機

按一按，養生豆漿讓你喝出好健康！

養沛文化編輯部◆著

前言 喝杯健康的豆漿

清晨三點左右，家附近的「永和豆漿」店裡，便會傳出一陣陣濃濃的豆漿香，那種香味，在清冷的冬天，總會讓人不自覺被吸引過去，在店裡找張桌子，悠閒的坐著，喝上一碗暖香的豆漿。

印象中，豆漿是屬於中國文化的一部分，當西方人在喝牛奶時，中國人喝的就是這種又濃又香的豆漿，有甜的、鹹的，但這種「習慣」和「文化」，卻差點因為大家漸漸習慣了西方的飲食習慣而被取代了。

事實上，對人體來說，尤其是東方人，豆漿的好處可一點也不比牛奶差，甚至比牛奶更好。

豆漿性質平和，具有補虛潤燥、清肺化痰的功效，它不但含有抗氧化劑、礦物質和維生素，還有一種牛奶所沒有的植物雌激素「大豆異黃酮」，可調節女性內分泌系統的功能。現代醫學研究認為，中老年女性喝豆漿對身體健康、延緩衰老有明顯好處，婦女

喝豆漿一個月，每天三百至五百毫升，對調整內分泌的作用就有很好的幫助。

此外，喝豆漿還有以下八大好處：

一、強身健體

每百公克豆漿含蛋白質四．五公克、脂肪一．八公克、碳水化合物一．五公克、磷四．五公克、鐵二．五公克、鈣二．五公克及維生素、核黃素等，對增強體質大有好處。

二、預防糖尿病

豆漿含有大量纖維素，能有效阻止糖的過量吸收，減少糖分，因而能防止糖尿病，是糖尿病患者日常必不可少的好食品。

三、預防高血壓

豆漿中的豆固醇和鉀、鎂，是有力的抗鈉鹽物質。鈉是高血壓發生和復發的主要根源之一，如果體內能適當控制鈉的數量，便能達到預防高血壓的目的。

四、預防冠心病

豆漿的豆固醇和鉀、鎂、鈣，能降低膽固醇，促進血液循環，防止血管痙攣。如果能持續每天喝一碗豆漿，冠心病的復發率可降低百分之五十。

五、預防腦中風

豆漿中的鎂、鈣元素，能有效防止腦梗塞、腦出血的發生。豆漿中的卵磷脂，還能提高腦部功能，預防老人癡呆的發生。

六、預防癌症

豆漿中的蛋白質和硒、鉬等都有很強的抑癌和防癌能力，對胃癌、腸癌、乳腺癌特別有效。

七、預防支氣管炎

豆漿所含的麥氨酸有防止支氣管炎平滑肌痙攣的作用，從而減少和減輕支氣管炎的

發作。

八、預防衰老

豆漿中所含的硒、維生素E、C，有很大的抗氧化功能，能使人體的細胞「返老還童」，特別對腦細胞作用最大。

但即便豆漿有諸多好處，也有必須注意的地方。由於豆漿中含有胰蛋白酶抑制劑、皂苷和外源凝集素，想要避免這些物質對人體產生不良的影響，就千萬要記得煮熟豆漿，還有，別將豆漿和藥物一起合併服用，這樣就能避掉豆漿的壞處了。

還有一點要特別注意，專家指出，患有急慢性胃炎的人，最好別喝豆漿，以免刺激胃酸分泌過多，加重病情。這是因為豆類中含有一定量的低聚糖，會引起腹脹等症狀，喝了豆漿反而會造成不舒服呢！

本書除了和大家分享豆漿的好處、瞭解豆漿的營養價值之外，更教大家自己在家作衛生、質純的豆漿。如果你想喝豆漿，又怕喝多了會膩，也擔心每天買豆漿很浪費錢，不妨照著書自己作作看吧，你會發現，自製好喝又濃純的豆漿一點也不難。

CONTENTS

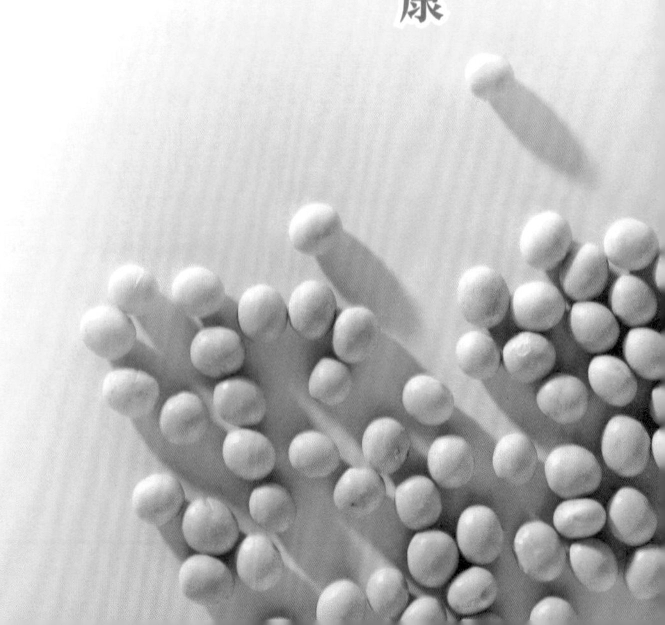

PART 3

跟我作健康豆漿

CONTENTS

PART 1

在家作豆漿，輕鬆又健康

早晨一杯養生豆漿，

養顏美容又維護健康。

對於現代人來說，豆漿是一種很普遍的飲品，而且有愈來愈流行的趨勢。豆漿含豐富的異黃酮、卵磷脂及寡醣等多種有益身體健康的營養成分，具有美膚、瘦身、延緩更年期及預防疾病等功效，可以說是一種非常理想的保健食品。難怪豆漿除了被當成飲品之外，還有各式各樣的作法，應用的範圍也與日俱增。

豆漿在過去由於製作的技術尚未成熟，因此往往口感上並不討喜，都會帶有豆子的澀味，因此並不普及；一直到近期，由於豆漿的製作方法、過濾技術及調味得到大幅度改善，喜歡喝豆漿的人才愈來愈多。許多臨床實驗、醫學研究證實，豆漿對於身體健康與預防慢性病有很大的功效。

現代人大多攝取過多的動物性脂肪、糖類與碳水化合物，造成代謝症候群及心血管疾病患者的數量增多，而豆漿不含飽和脂肪酸，比起牛奶更加符合人體健康的需求，因此也帶動飲用豆漿的風氣，人們逐漸以豆漿取代牛奶。

大豆原產於東亞，一直到十一世紀才被引進中國種植。製作豆漿的大豆分為黃豆與黑豆，兩種食材各自有不同功效。過去黑豆比較不普及，但是近幾年發現，黑豆的營養成分與黃豆不相上下，如果能夠雙管齊下，就可以充分攝取到對人體健康有益的營養成分。

而隨著豆漿的價值愈來愈受肯定，各種不同的口味及調理方式也隨著出現，現在更強調以自身需求或口味來調製豆漿飲品。除了原味豆漿之外，還有人添加了黑芝麻、果汁、可可、抹茶或咖啡等，變換不同的口味，使得原本不喜歡豆漿的人，也漸漸接受豆漿飲品。此外，豆漿在料理方面也漸漸被廣泛使用，像是湯品、火鍋或甜點，豆漿料理也成為健康新潮流之一了。

至於這麼好的天然飲料，每天的攝取量到底需要多少才會產生功效呢？專家建議，每日飲用約五百至一千毫升的豆漿，是對於身體健康不錯的選擇。

神奇豆漿力

以豆漿取代牛奶好處多

牛奶中含有乳糖，根據統計全球約有三分之二的人無法吸收牛奶中的乳糖，因而會出現乳糖不耐症，也因此有許多人開始嘗試以豆漿來替代牛奶。相較於牛奶，豆漿中所含的寡醣能夠被人體全部吸收，而且不但如此，豆漿還含有鉀、鈣、鎂等礦物質，及牛奶所沒有的抗癌物質，因此成為多追求健康的人所選擇的日常保健飲品。

黃豆的益處

現代人因為工作、課業繁忙，普遍都是外食，或三餐進食不規律，在熱量方面也幾乎都是攝取過多，加上運動不足，因而造成脂肪囤積在體內，演變成過胖體質，甚至提高心血管疾病、代謝症候群的機率。針對現代人的通病，黃豆可是好處多多。

*避免心血管疾病

腦部及心臟的血管疾病在近年來已經盤據十大死因的前幾名，而心血管疾病主要的原因是因為動脈硬化所造成的。由大豆所製作的豆漿富含大豆異黃酮及大豆蛋白，兩者都具有降低血中壞膽固醇的作用，有助於保持血管的柔軟度，避免膽固醇堆積在血管壁中，造成血液流動不順暢，進而達到預防動脈硬化的目的。此外，大豆異黃酮還具有降血糖、血壓的功效，對於預防慢性病來說是一項很好的選擇。

另外，豆漿中所含的鎂、鈣元素，對於降低腦血脂、改善腦血流有明顯的功效，也就是說，飲用豆漿可以有效防止腦梗塞、腦出血的發生。除此之外，豆漿中所含的礦物質鉀、鎂，可以幫助人體控制體內鈉的含量，預防高血壓等疾病；而且豆漿還能加強心臟機能，防止血管病變。

＊預防肥胖

豆漿可以預防肥胖，是因為它具有抑制脂肪吸收的功用，還可以促進人體的脂肪燃燒過程。它的熱量與低脂牛奶相近，卻不含任何膽固醇，不會增加血液中膽固醇與中性脂肪的比例，對於維持苗條身材、預防肥胖是一項很好的飲品。

豆漿中所含大量的膳食纖維，有助於腸胃的吸收、消化，具有降低血糖、膽固醇及血脂的功效。除此之外，膳食纖維還能幫助身體清理腸道及體內有害物質，緩解便祕的症狀。豆漿中的成分能夠有效地阻止身體吸收過量的糖分，因而對於防止糖尿病有很好的功效。

此外，大豆含有豐富的礦物質，如鈣、鐵、鎂、鉀、磷、硒、鋅等，這些礦物質除了能維持身體健康，加強我

們的新陳代謝功能外，還有利於減肥。

大豆中的植物蛋白質，除能夠降低壞膽固醇、提升好膽固醇外，還能預防癌症、心血管疾病及緩解便祕的症狀。

＊改善生理期病症

許多女性在經期之前情緒上會有明顯的轉變，像是情緒緊張、失眠、容易發怒、煩躁、容易疲勞等，在經期間也有些人會有腰部痠痛、食欲不振等現象，這些都是因為體內雌激素的比例失調。豆漿中所含的雌激素，可以緩解因為荷爾蒙失調而造成的症狀。

＊延緩更年期

女性在進入更年期後，隨著卵巢機能退化，雌激素的分泌逐漸減少，不論在生理或心理方面，都帶給女性極大的困擾。像是情緒低落、頭痛噁心、精神沮喪等，這些更年期症狀嚴重影響女性身心健康。

更年期對某些女性而言是一段艱難的日子，其中造成最大困擾的就是因為缺乏雌激素所引起的熱潮紅、頭暈、疲勞等症候群。豆漿中所含的大豆異黃酮，分子構造與雌激素相似，被稱為植物的雌激素，可以減緩更年期症狀，是婦女的一大福音。

除此之外，豆漿含有豐富的異黃酮、卵磷脂、不飽和脂肪酸、大豆皂苷等等，都是對於人體有極大益處的物質，不但具有加強人體免疫力、延緩衰老出現的功效，還能夠降低高血壓、冠心病、糖尿病等心血管疾病的發生率。

*預防癌症

除了家族遺傳因素之外，在我們每天生活的環境中，到處充斥著各式各樣的致癌因子，不論是食物中、空氣中，都潛在著危害我們身體健康的各種毒素。乳癌是女性罹患的癌症中很常見的一種，較常出現在雌激素過量、月經過多等高危險群婦女，而豆漿中的異黃酮不但可以補充雌激素，還能抑制過剩的雌激素，可說具有調節與防癌的雙重作用；此外，豆漿還具有防止細胞惡性病變、癌化的功效。

豆漿中所含的蛋白質、硒、鉬等成分都具有很強的抑制癌細胞的能力，尤其是對於胃癌、腸癌、乳腺癌等特別有功效。研究顯示，經常飲用豆漿的人發生癌症的機率，比不喝豆漿的人低百分之五十。當我們體內的雌激素過高時，容易引

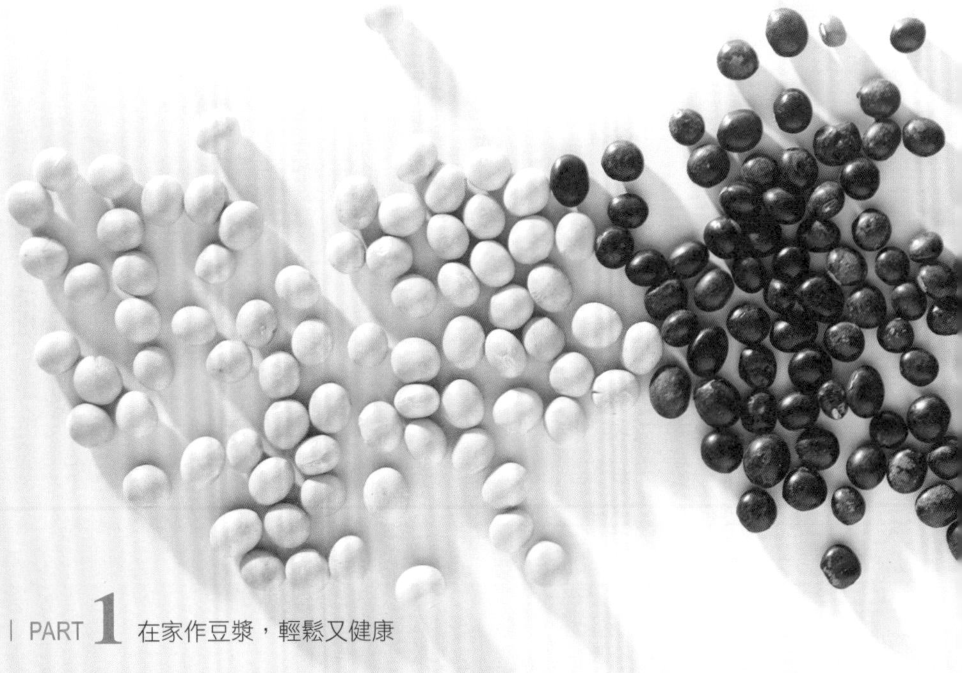

發乳癌的發生，經常飲用豆漿的女性，體內的女性荷爾蒙與黃體素都比較低。此外，根據實驗證明，豆漿與綠茶搭配，不僅有利於控制體重，對於降低乳腺癌與前列腺癌的發生率也有功效。

*使大腦有活力

在社會漸漸邁入高齡化後，隨之而來的就是要面對許多因為年紀漸長而產生的病症，其中最令人擔憂的不外是老年失智症。豆漿中所含的膽鹼能夠促進大腦傳遞正常訊息，降低癡呆症發生的機率，延緩大腦老化速度，是一項絕佳的補腦飲品。豆漿中含有硒、維生素E、C等，都具有很強的抗氧化功能，能夠使人體的細胞延緩老化，尤其針對腦細胞有作用。除此之外，現代人的生活因為壓力的關係，心情充滿了焦慮與緊張，往往造成情緒失調，豆漿中富含維生素B群，能夠幫助我們穩定情緒，消除焦慮感，還能提升注意力。

*避免環境荷爾蒙的危害

環境荷爾蒙是一種會干擾生物發育、生殖或行為的外來物質，會影響人體荷爾蒙的分泌、合成、運輸、作用功效及代謝，這些物質主要由空氣、水、土壤、食物等途徑進入人體內，因此環境荷爾蒙又稱為內分泌干擾素。環境荷爾蒙不但影響人體內分泌系統的作用，還會對人體的生長、發育造成不良的後果，甚至影響到健康或生殖作用，尤其是對於胎兒發育時中樞神經的發展，及幼兒成長階段學習力、注意力。環境荷爾蒙的來源主要有農藥、清潔劑或塑膠原料等。

根據研究，以大豆為食物的人，受到環境荷爾蒙影響的程度較低，這是因為大豆中的植物雌激素可以幫助人體調整荷爾蒙，阻斷環境荷爾蒙對於人體造成的干擾。

*避免骨質疏鬆症

隨著年紀增長，我們的骨質也會漸漸流失，這就是為什麼年紀愈長的人愈容易骨折，也就是俗稱的骨質疏鬆症。骨質疏鬆症是一種身體骨質流失的速度大於生成速度的病症，除了遺傳的原因外，其他像是運動、年齡、體重、性別及慢性病等，也都是骨質疏鬆症的多重原因之一。

骨質疏鬆症對於更年期婦女尤其是一大威脅，大約七成以上婦女有這樣的困擾，原因是女性在更年期後體內的女性荷爾蒙分泌減少。預防骨質疏鬆症除多運動外，同時要配合補充鈣質，才能將骨鈣保留在骨骼內。

豆漿中含有鈣質，經常飲用可以預防骨質疏鬆；豆漿中的異黃酮能夠補充女性荷爾蒙，幫助降鈣素和活性維生素D的生物合成，加速鈣質的吸收，並且增加骨骼鈣鹽的沉積，及抑制骨骼中的鈣質融入血液中。這些功效都有助於預防骨質疏鬆症與骨折的發生，進而幫助更年期婦女避免鈣質流失，也有助於中老年人骨骼的保健。

＊保養消化系統

由於許多現代人都是外食族，飲食營養不均衡，尤其是蔬菜、水果攝取量不足，隨著年齡的增長，腸內的壞菌也會跟著增加，一旦腸內的老舊廢物無法代謝排出體外時，便祕也就容易產生。豆漿中含有豐富的寡醣，能夠抑制腸道壞菌的滋長，還能促進代謝，保養消化系統。

寡醣屬於醣類化合物的一種，可以從天然食物中獲得，像是大豆、牛奶、大蒜、洋蔥、蜂蜜、蘆筍等。寡醣的甜度低於蔗糖，且它具有多重調節生理機能等優點。根據研究，寡醣的功能類似於水溶性膳食纖維，具有促進腸道蠕動、預防便祕，及減少毒素吸收、預防腸癌的發生等功效，不但如此，寡醣不易引起蛀牙，也不容易使血糖升高，因此適合糖尿病患者食用。

＊美容保養肌膚

肌膚老化的現象有黑斑、暗沉、皮膚粗糙等，這些老化現象是不能夠單憑化妝品來遮掩的。豆漿中含有維生素、鐵質、雌激素與礦物質，經常飲用可以幫助身體的血液循環及荷爾蒙分泌，還能對抗氧化、老化等現象。

黑豆的益處

根據近年來的研究，黑豆的營養成分與健康效益都很高，建議可與黃豆輪流食用，以達到健康均衡的效果。

研究發現，在日本盛產黑豆的兵庫縣，當地居民甚少有感冒的病症，而且也沒有關節痛、腰痛的毛病，甚至在高達八十幾歲的年紀還能充滿活力，這些都跟他們日常飲食中攝取了大量的黑豆食品有關。

＊促進血液循環

黑豆中含有花青素，能促進血液循環，加速膽固醇、中性脂肪代謝，因而具有降血壓作用。此外，黑豆還可以保持微血管柔軟，使血液流通順暢，進而提高內臟機能，也就是中醫所謂的活血功能，對於頭痛、五十肩、神經痛等有幫助緩解的功效。

*抗衰老

黑豆中的花青素、異黃酮等成分，能夠抑制活性氧的生成，促進血流循環順暢、保護組織細胞，達到抗衰老的功效。

*解毒

黑豆具有解毒的功用。在農民曆上都會記載各種食物相生相剋與解毒的方式，其中一定會有一味黑豆甘草茶。據說早在二千年前，居民如果發生馬兜鈴或砷中毒，就會趕快煮黑豆湯喝下，可以解毒。

*提升內臟代謝功能

黑豆能夠提高內臟代謝水分的功能，將多餘的水分排出體外，改善肺部、皮膚、胃腸的不適，例如水腫、濕疹、胸悶、胃部不適、下痢、便祕等症狀。

解讀豆漿中的營養素

豆漿具有人體不可缺少的基本營養素，我們的肌肉、皮膚到免疫系統，都需要這些營養素才能維持正常的生長和運作。

＊大豆蛋白質

大豆中有百分之三十五是大豆蛋白質，為豆漿中主要的成分。人體無法自行製造大豆蛋白質，要維持均衡的營養，我們必須從食物中攝取足量的必需胺基酸，豆漿正好是最理想的食品。

動物性蛋白質往往是現代人肥胖的原因，豆漿中富含大豆蛋白質，不含飽和脂肪酸與膽固醇，正好可以幫助我們在日常飲食中減少動物性蛋白質的攝取量。

大豆含有豐富的植物蛋白質，其中包括了植物雌激素及大豆異黃酮，對於降低血清膽固醇很有幫助。大豆蛋白質還能促進人體的新陳代謝，對於長期減肥的人來說，也是一項很重要的元素。

除此之外，大豆蛋白質還能預防動脈硬化與高血壓，避免冠狀動脈疾病，還有防癌、抗過敏等作用，因此大豆蛋白質對於膽固醇過高、肥胖者、血脂異常及冠心病患者來說，是最佳的蛋白質攝取來源。

*大豆異黃酮

目前發現的大豆異黃酮共有十二種，主要分布在大豆的胚芽中。大豆異黃酮與雌激素有相似的結構，是目前自然界中唯一具有雌激素作用的化學物質，因此也被稱為植物雌激素。

換句話說，大豆異黃酮對於與女性荷爾蒙有關的症狀都有功效。除此之外，大豆異黃酮具有強力的抗氧化效果，能夠使身體細胞避免受到自由基的攻擊與破壞，阻礙癌細胞的生長。

根據研究報告指出，日本人不論是心臟病、骨質疏鬆症，或乳癌、攝護腺癌及更年期症候群的患者，都比歐美人士要少，這些都是因為日本人在日常飲食中，攝取了大量富含大豆異黃酮與雌激素的大豆類食品。

研究顯示，亞洲婦女因為攝取較多的大豆製品，例如豆腐、豆芽、豆漿等，因此更年期症狀如熱潮紅、骨質疏鬆症、憂鬱、失眠等

減少許多。而且，大豆異黃酮是天然的雌激素，比起西方婦女採用的合成雌激素，對人體健康來說是更加有好處的。

在預防骨質疏鬆方面，實驗證實大豆異黃酮可以防止骨質流失，還能增加骨質的生成。更年期後的婦女容易發生骨質疏鬆症，如果能適度補充大豆異黃酮，就會有很大的幫助。此外，大豆異黃酮在臨床上也被證實能夠改善更年期婦女的熱潮紅症狀，及延緩更年期的發生。

*皂苷

我們在飲用豆漿的時候，會感覺到少許的澀味，那是因為大豆中含有皂苷的緣故。皂苷具有抑制活性氧，達到抗氧化的作用。我們知道活性氧對於人體健康有害，當活性氧過多、氧化作用強烈時，皮膚就很容易老化，長出雀斑、黑斑，或罹患慢性病，甚至誘發癌症。

皂苷能夠消除活性氧，同時也能補充人體中的抗氧化物質，產生強力的抗氧化作用。此外，皂苷在近幾年還被發現具有對抗病

毒、控制血小板凝結及調整免疫力等作用。

皂苷還能夠幫助人體排除堆積在體內的脂肪，降低血液中的膽固醇，進而預防動脈硬化等心血管疾病。

＊大豆卵磷脂

大豆卵磷脂是大豆所含的一種脂肪，也是一種生物活性物質，是構成人體細胞的主要成分，因此，它對於人體來說是一項重要的物質。大豆卵磷脂是卵磷脂的一種，它將氧氣與營養成分輸進細胞，同時將廢物排出體外，以維持細胞膜功能正常。大豆卵磷脂不但可以預防動脈硬化、改善神經系統，還能夠幫助人體代謝脂肪、維持血液循環正常，及預防脂肪肝等。

卵磷脂原本由卵黃提煉出來，屬於高貴的藥劑、營養品，後來因為發現可以經由大豆提煉出物美價廉的大豆卵磷脂，才被廣泛運用在提升健康方面。

卵磷脂中有許多成分，其中一種特殊成分為膽鹼，此種成分進入大腸之後就被分解、吸收，隨著血液循環進入腦

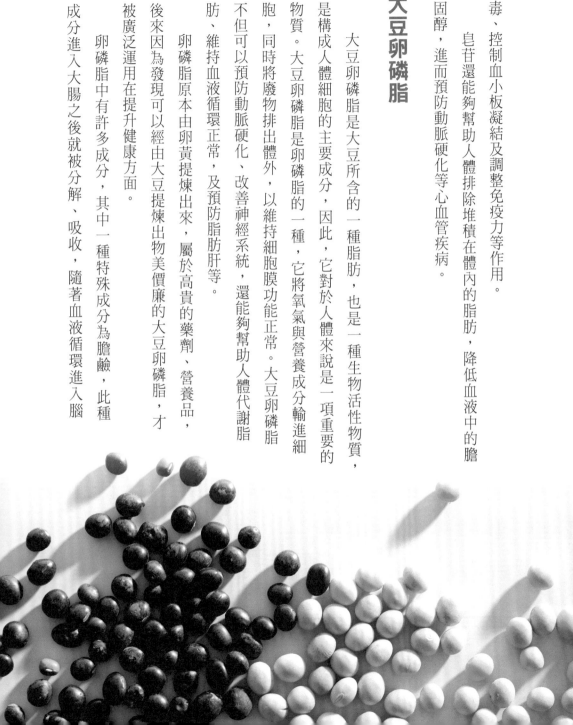

部，變成乙醯膽鹼，成為神經傳導的重要角色；只要神經傳導正常，就可以活化腦細胞、提高記憶力、防止老年痴呆。膽鹼還能抑制肝臟蓄積脂肪演變成脂肪肝，因此除避免高熱量、高脂肪、高蛋白之外，我們在日常生活中還必須經常補充大豆卵磷脂。

＊亞麻油酸、次亞麻油酸

大豆中所含的脂肪大部分都屬於不飽和脂肪酸，是人體必需卻又無法自行合成的，因此必須從食物中充分攝取。大豆脂質中主要的成分除了亞麻油酸和次亞麻油酸之外，尚有油酸、棕櫚酸等。亞麻油酸和次亞麻油酸都屬於必需脂肪酸的重要成分，亞麻油酸又能增加血液的良性膽固醇，從而防止動脈硬化等疾病。但是，亞麻油酸、次亞麻油酸很容易遇空氣氧化，轉變成對人體有害的物質，幸好豆漿中含有豐富的維化命E，恰巧能夠防止細胞氧化，避免脂肪酸氧化的問題。

＊寡醣

寡醣對於腸道健康有極大的好處，而豆漿中含有豐富的寡醣。豆漿不必添加任何調味料就能夠散發出淡淡的甜味，正是因為它含有寡醣。

大豆寡醣只存在於成熟大豆中，並且不能經過發酵的作用。因此，在納豆、味噌及醬油中是無法見到寡醣的，只有豆漿、豆腐、豆粉等，既由成熟大豆製成，又未經發酵，才含有豐富的寡醣。

寡醣對於腸道健康極有幫助，除可以降低雙叉乳酸和乳酸菌的吸收比例、消除便祕之外，還能夠幫助人體抑制因為年齡漸長而逐漸增加的腸內惡菌，調整腸道、促進腸道中的有害物質快速代謝，因此多飲用豆漿具有預防大腸癌的效果。

＊維生素B群、維生素E

許多人以為維生素只存在於水果及蔬菜中，其實在大豆中也含有豐富的維生素，包括維生素B_1、B_2及E。大豆中含有維生素B群中的B_1，在碳水化合物的代謝過程中是必要的物質，這一點對於以稻米為主食的亞洲人來說非常重要。大豆中所含的維生素B_2則負責維護皮膚、黏膜的健康，有助於消除疲勞、安定情緒。大豆中所含的維生素E能夠保持青春，避免體內氧化，預防慢性病及肌膚老化，並且能促進血液循環通暢，改善肩部僵硬不適。

*礦物質

現代人的飲食雖然多樣化，但是在營養上卻時常有失均衡，尤其是礦物質與微量元素，對於經常外食或速食的上班族及學生來說都很缺乏。食物中富含礦物質及微量元素者，如海藻、海帶，豆漿中也含有礦物質，尤其是鉀、鎂等，不僅含量豐富而且也很均衡。每一種礦物質都具有特別的功用，例如鉀能夠幫助人體代謝掉多餘的鈉，還能夠調節血壓；鎂能促進血管、心臟、神經等機能維持正常運作；鐵則是血紅素的組成物質之一。

一般認為植物性鐵比較不容易被身體吸收，但是豆漿的鐵質沒有這個缺點，它很快就能被身體吸收，有助於氧的供給。由此可以知道，豆漿中所含的營養素不但充足而且十分均衡，使我們可以輕易、簡單地攝取到多種所需要的營養。所以說每天飲用豆漿，對於我們的身體健康是很有益處的。

神奇豆漿力

以豆漿改善神經失調、負面壓力

現代人的生活壓力大，容易累積焦躁、緊張，因而造成腦內的卵磷脂減少，平時遇見小事就會坐立不安，適量補充豆漿，可改善問題。因為豆漿中含有卵磷脂，對於預防自律神經失調症、失眠等具有功效。

哪些族群不適宜喝豆漿

就醫學上的角度來說，豆漿性質偏寒，因此對於某些人們而言，需謹慎飲用。

＊腸胃功能不佳者

豆漿在酶作用之下容易造成脹氣，因此經常性消化不良、容易打嗝或腹瀉的人，應該要避免飲用豆漿。此外，急性腸胃炎的病患也不適宜飲用豆漿，以免胃酸受到刺激而分泌過多，或引起脹氣、腹瀉等症狀而加重病情。

另外，胃潰瘍的人也不宜飲用豆漿。原因是豆漿中的寡醣容易引起打嗝、腹脹等症狀，對於胃潰瘍病患來說是一種負擔。

＊腎臟功能不佳者

腎功能衰竭的病人需要低蛋白飲食，而豆類及其製品富含蛋白質，其代謝產物會增加腎臟負擔，宜禁食。豆類中的草酸鹽可與腎中的鈣結合，易形成結石，會加重腎結石的症狀，所以腎結石患者也不宜食用。

＊痛風患者

痛風是由普林代謝障礙所導致的疾病。豆類中富含普林，且普林是親水物質，因此，黃豆磨成漿後，普林含量比其他豆製品多出幾倍。所以，患有痛風的病人，在攝取豆漿的量上要控制，不宜攝取過多。

＊嬰幼兒

剛出生至六個月大的嬰兒，胃腸功能還沒有發育完善，因此建議最先不要飲用豆漿，以免造成消化不良。

＊術後患者

因為豆漿屬於寒性，而術後或正處於恢復期的病人抵抗力尚未恢復，腸胃功能較弱，若是飲用豆漿恐怕引起腹瀉等症狀，應該要避免。

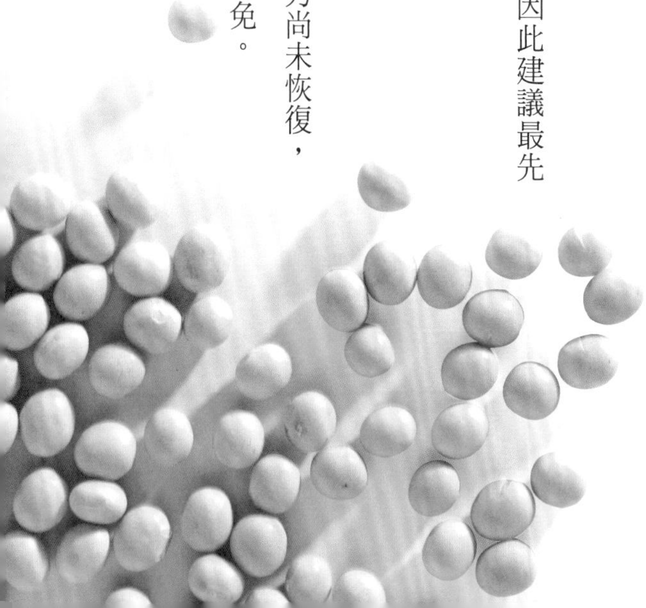

怎樣喝豆漿最養生

豆漿有許多喝法，究竟怎樣飲用豆漿才能達到科學養生的目的，讓身體吸收健康呢？

＊煮沸後再飲用

由於豆漿中含有皂苷、胰蛋白酶抑制劑等物質，如果在未煮熟的情況之下飲用，會出現噁心、嘔吐或腹瀉等中毒症狀，這是因為皂苷、胰蛋白酶抑制劑刺激胃腸道的緣故。一般而言，豆漿在攝氏八十度時就會沸騰，而其實這是一種假沸現象，千萬不要誤以為豆漿已經煮熟了。

豆漿中所含的皂苷在攝氏八十度時，會產生大量的泡沫漂浮在豆漿表面上，導致許多人誤以為這是豆漿已經煮沸的現象，此時飲用將使得一些對人體有害的物質，未經高溫破壞就進入胃腸道，如皂苷中能破壞細胞的皂毒素、胰蛋白酶抑制劑等。它們會刺激胃腸黏膜，影響機體的消化功能，而出現中毒現象。

實際上，在豆漿沸騰後，應該要繼續煮三至五分鐘，而且必須將鍋蓋打開，使得有害物質可以藉由沸騰隨著水蒸氣一起揮發掉。

但是，也不必因噎廢食，將豆漿反覆加熱，這樣反而會使豆漿中的營養素也流失掉了，只要控制好時間，不必反覆煮沸。

＊不宜沖入生雞蛋

雞蛋當中含有一種黏性蛋白，會影響蛋白質的吸收和利用。有些人會習慣在煮沸後的豆漿中直接沖入生雞蛋，這樣會使雞蛋中的黏性蛋白與豆漿裡的胰蛋白酶結合，產生不易被人體吸收的物質，使雞蛋和豆漿兩者都失去原有的營養價值。因此，最好是將雞蛋加入豆漿中一起煮熟。

＊不宜加入紅糖

紅糖中含有醋酸、乳酸等有機酸，與蛋白質結合後會產生變性沉澱物質，使得營養價值喪失。這樣一來便使得豆漿喪失了原本的營養價值，影響蛋白質的吸收。

*不宜存放過久

有許多人會將豆漿存放在保溫瓶中幾個小時，像是上班族或學生，這種作法其實不恰當。因為豆漿中含有營養素，而保溫瓶也恰好提供細菌滋長的溫度，保溫瓶中的細菌大量繁殖後，經過三到四個小時豆漿就會腐敗。因此，豆漿最好是現打現喝，或存放在冰箱中，以免飲用不健康的豆漿危害身體的健康。

*補充鈣質及攝取陽光

專家建議每天要至少在日光之下活動半小時，身體才能獲得

足夠的維生素D，促進鈣質的吸收，幫助我們強健骨骼。只從豆漿中獲取鈣質是不足夠的，應該攝取雞蛋等富含維生素A、D的食物，以確保我們攝取的鈣質含量是足夠的。

製作豆漿的方法

市面上可以買到各種不同口味的豆漿，即使沒有時間製作也不用擔心喝不到，唯一要顧慮的是會不會吃到太多的糖分或其他添加物。因此為了自己和全家人的健康，只要花一點點時間，就可以在家裡自製豆漿，材料的準備也不麻煩，只有大豆和水而已，不妨試試。

壓榨出豆漿後剩下的豆渣不要丟棄，其中含有豐富的膳食纖維與其他養分，可以加點創意製成小點心、蛋糕、煎餅等，對健康有益，千萬不要丟掉。

神奇豆漿力

健康豆漿的喝法

自製豆漿的寶貴在於它的新鮮度，如果放置過久就會失去豆香味，而且也容易變質。因此，每一次製作的分量不要太多。以二十四小時內喝完的量為主。當然，喝剩的豆漿可以用容器保存，放在冰箱內冷藏。若超過一天還沒有喝完，那麼冬天時最好早晚再煮沸一次，以延長保存期限；但夏季時容易變質，還是以盡早喝完為宜；放在冰箱中當冷飲，應該很快可以喝光。

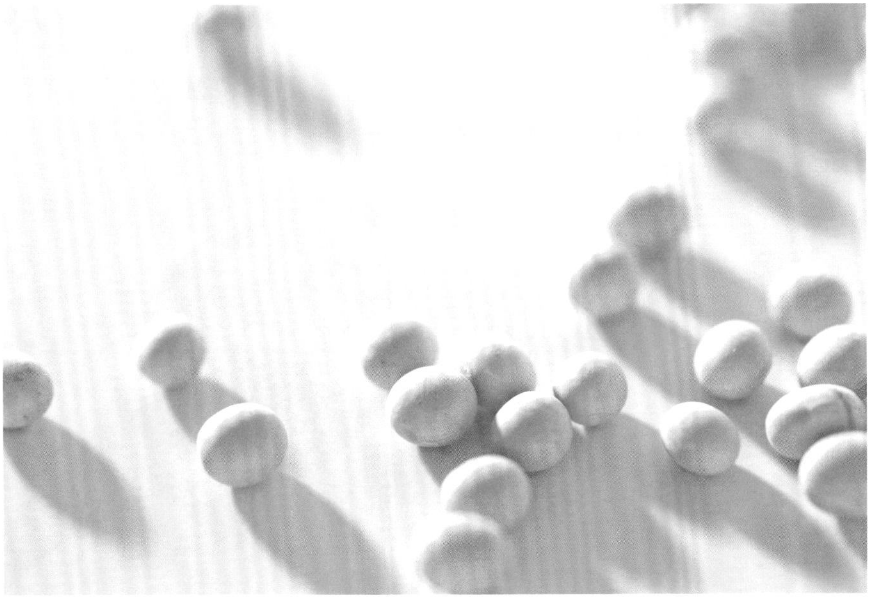

製作豆漿注意事項

沾到生水的豆漿容易變質，豆漿一定要放在冰箱才能保鮮，什麼才是製作豆漿必須知道的注意事項，以下就讓我們來看一看。

*選豆子

選擇健康的豆料是製作豆漿的第一步驟。優質的黃豆應該沒有霉爛、蟲蛀或破皮的問題，而且顆粒飽滿、大小顏色都相近。此外，要注意選擇非基因改造黃豆，它含有更加豐富的大豆蛋白質。

*泡豆

在製作豆漿前一定要泡豆，因為大豆質地非常細密，經過浸泡之後，再加以攪碎、加熱，才能將黃豆中的營養素釋放出來。如果不泡豆直接打，豆組織無法完全漲開，在

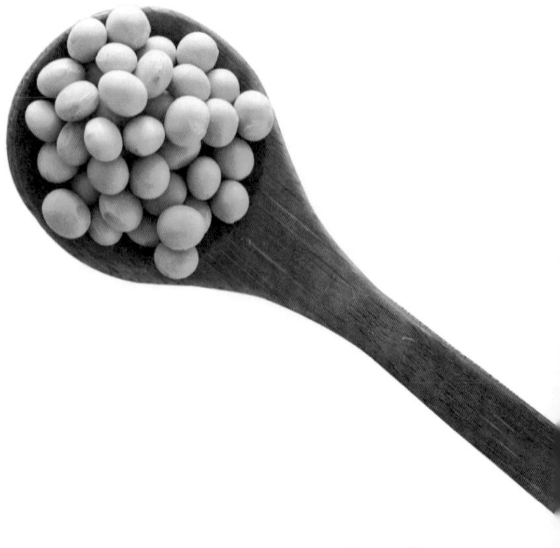

一定程度上會影響營養的釋放，口感也會有一定影響。先以清水洗淨黃豆之後再加以浸泡，泡豆的時間不宜過長，最好在四小時左右。

＊分次磨碎大豆

傳統上製作豆漿都要先磨成水狀，家庭自製當然不必這麼費事，只要以果汁機打碎即可；但不能只打一次，否則顆粒太大，無法充分煮出大豆的味道，過濾出來的豆漿量也較少，萬一濾不乾淨，喝起來口感不佳。因此，最好分成二、三次，重覆打至細碎，直到以手指觸摸時可感覺到粗澀的程度最為理想。

＊濾布尺寸要大

過濾打碎大豆時，需要用濾布，假如濾布太小，豆汁容易漏出來，而且壓榨時也不方便，所以最好準備比漏網大二摺的濾布較佳。另外，濾布的材質以棉布、毛巾等厚度最佳，若擔心太薄可用雙重濾布。千萬不要選擇太厚的濾布，否則扭不動，無法充分壓榨出原汁。

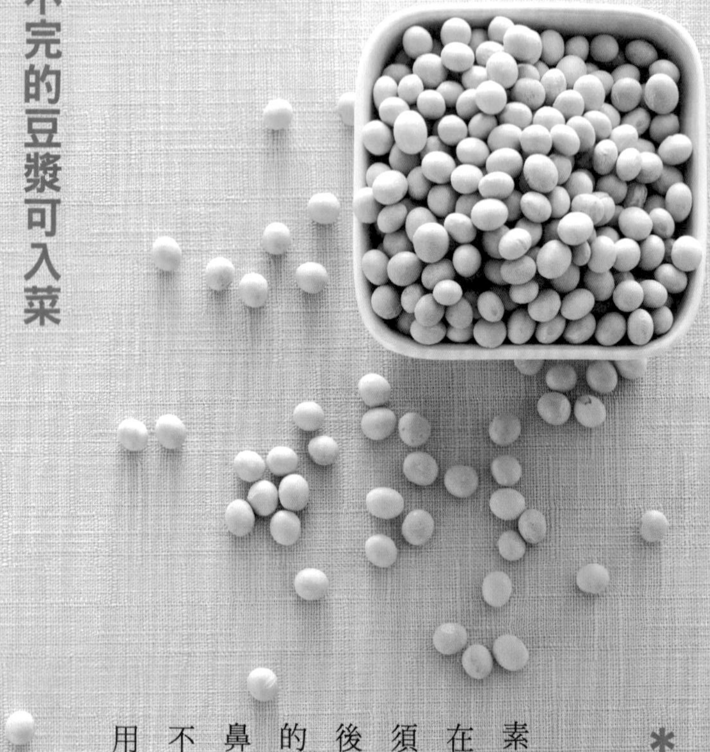

*務必煮過再飲用

大豆雖然含有很多營養素，但也有不宜生食的物質存在，因此要吃豆類食品時，必須經過加熱處理。假如在打碎後忘了煮熟，那麼壓榨過濾後的豆漿會有豆臭味，相當刺鼻，直接食用也可能造成腸胃不適，因此一定要煮過再飲用。

*喝不完的豆漿可入菜

原則上，豆漿以每天製作、當日喝完最理想。萬一喝不完，就放在冰箱中冷藏，但因為豆漿不耐久存，這時不妨動動腦筋，試著活用在料理上，變化出各種不同風味、不同樣式的美食。例如說只要準備好鹽滷、石膏等，自製豆漿還可以再作成豆腐及豆花。

製作豆漿

＊傳統作法＊

材料

黃豆300公克

作法

1 首先將大豆洗淨，放入鍋內，倒進水浸泡5小時，至豆子膨脹即可。【圖1】

2 以1杯豆子、1杯水的比例，將豆子與水放入果汁機攪打，直至沒有顆粒。【圖2】

3 以濾網濾去殘渣，留下生豆漿。【圖3】

4 將生豆漿倒入鍋中，加入相同份量的開水，以木杓攪拌，以大火煮開，再放涼。【圖4】

5 加入適量糖調味【圖5】，撈去豆漿上的豆腐皮，即可食用。【圖6】

1

2

5

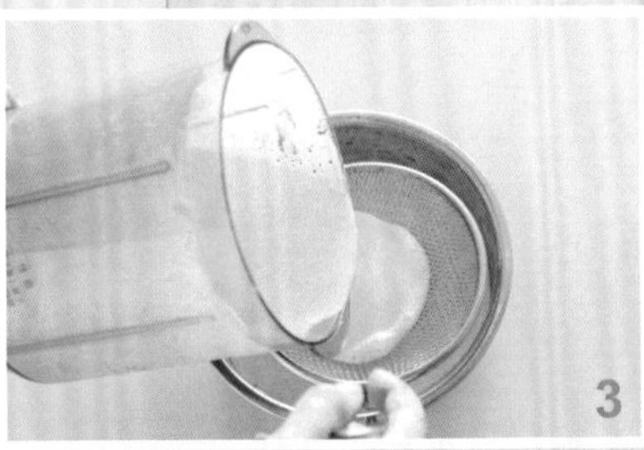

3

6

4

製作豆漿

＊使用豆漿機＊

如果因為工作繁忙，
實在抽不出時間來自製豆漿，
不妨買一台豆漿機，所費不多，
自製起來非常方便又省時。

材料

黃豆300公克

作法（材料分二次製作）

1 將洗淨黃豆，以1又1/2杯量黃豆倒入全自動豆漿機中。
2 加入水至標準水位的位置。
3 放上機頭，插上電源線，按下「乾豆」操作鍵，待提示音後即完成豆漿。可以直接飲用，或用濾網過濾後加糖飲用。

PART 2

輕鬆作簡單的豆漿

作豆漿其實很簡單，
每天只要撥出一些時間，
優質豆漿自己作。

豆漿中含有許多有益人體健康的物質，而且豆漿的相容度極高，除了直接飲用外，搭配其他的飲料，像是牛奶、紅茶，都很美味可口。鮮豆漿常被稱為「綠色牛乳」，因為豆漿中含有比牛奶更多的蛋白質，這些蛋白質屬於優質蛋白質。除此之外，豆漿中的礦物質也很豐富，像是鈣、磷、鐵等，都是維持人體健康所必須的礦物質。豆漿更勝牛奶一籌的是，它不含膽固醇及乳糖。

黃豆中富含蛋白質、鈣、

卵磷脂，及容易被人體吸收利用的鐵質，算是功能最多的健康食品之一。

根據研究，黃豆中所含的皂苷可延緩人體的衰老過程；大豆卵磷脂可幫助人體清除血管壁上的膽固醇，防止血管硬化；大豆蛋白質具有保護心血管的功效，可以提高好膽固醇含量，降低壞膽固醇含量，其中所含的大豆異黃酮還能延緩女性更年期，減輕更年期不適。

此外，大豆中還含有鐵、磷，對於貧血、神經衰弱都有明顯的療效。除了營養價值高外，高蛋白質成分是治療和預防癌症、骨質疏鬆等疾病的最佳食品，同時也是「荷爾蒙補充療法」的最佳替代物質。

黃豆豆漿中富含維生素B群、維生素E群及硒，具抗氧化功效，能抗衰老。不但如此，黃豆豆漿中含有大量的卵磷脂，卵磷脂是構成人體細胞膜、腦神經組織、腦髓的主要成分，是生命的基礎物質，有很強的健腦作用。卵磷脂經消化後，參與合成乙醯膽鹼，這是一種人類思維記憶功能中的重要物質，在大腦神經元之間起著相通、傳導、聯絡作用，所以常喝豆漿可以健腦益智。

益壽　營養黑豆漿

功效

黑豆是營養價值極高的食品，它不但含有比牛奶高出十二倍的蛋白質，其主要油脂是不飽和脂肪酸，而且不含膽固醇，還能幫助人體降低膽固醇，對於人體健康可以說是非常棒的營養食品。黑豆的功效還有很多，例如黑豆所含的皂苷有促進脂肪分解並且抑制吸收的作用，卵磷脂可以防止失智症，提升大腦功能、預防老化；還有強力抗氧化的維生素E、促進腸道健康的膳食纖維等。黑豆富含鋅、銅、鎂、鉬、硒、氟等微量元素，這些礦物質能延緩人體衰老。另外，黑豆皮含有抗氧化劑——花青素，能清除體內自由基，具有抗癌、延年益壽的功效。黑豆的功效對於現代人來說，簡直是一大福音，因為針對現代人常見的高血壓、高血脂、動脈硬化、中風、老年癡呆、便祕、肥胖等文明病，黑豆都具有保健、預防的功效。

＊傳統作法＊

材料

黑豆300公克

作法

1 將黑豆洗淨，放入鍋內，倒進水浸泡5小時，至豆子膨脹即可。
2 以1杯黑豆、1杯水的比例放入果汁機中，攪至最細，直至沒有顆粒。
3 以濾網濾去殘渣，留下生豆漿。
4 將生豆漿倒入鍋中，加入1：1的開水，以木杓攪拌，以大火煮開。
5 依個人喜好加入細砂糖，攪拌均勻之後立即關火，此時再勿攪拌，直至放涼。
6 撈去豆漿上的豆腐皮，即可食用。

注意事項

要特別注意的是生黑豆中含有胰蛋白酶抑制劑，會降低蛋白質的吸收與利用，另外，它所含的血球凝集素則會抑制生長。因此，在食用黑豆時，必須要經過烹煮，千萬不要聽信偏方直接生吞，以免造成健康的損失。

製作黑豆漿

＊使用豆漿機＊

材料

黑豆300公克

作法（材料分二次製作）

1 黑豆洗淨後，以1又1/2杯量倒入全自動豆漿機中。
2 加入水至標準水位的位置。
3 放上機頭，插上電源線，按下「乾豆」操作鍵，待提示音後即完成豆漿。可以直接飲用，或用濾網過濾後加糖飲用。

利尿消腫　美顏紅豆漿

功效

紅豆的營養含量豐富，屬於低脂肪、高蛋白的穀類，含有膳食纖維、脂肪、蛋白質、醣類、維生素B群、維生素E及鉀、鈣、鐵、磷、鋅等營養素。本草綱目作者李時珍還將紅豆稱譽為「心之穀」，可見紅豆對於人體健康的功效很大。

紅豆的鐵質豐富，不但能補血，還能夠幫助人體淨化血液，加強血液循環功能、增強抵抗力。除此之外，紅豆還能解除心臟的疲勞感，也有利尿消腫的功效。中醫認為紅豆具有消水腫、利尿、清熱解毒、健脾止瀉、改善腳氣浮腫的功能。

傳統作法

材料

黃豆150公克、紅豆150公克

作法

1 將紅豆、黃豆洗淨，分別放入鍋內，倒進水浸泡5小時，至豆子膨脹即可。

2 將紅豆放入電鍋，以外鍋1杯水蒸熟。再以1杯紅豆、2杯水的比例放入果汁機中，攪至最細，直至沒有顆粒。

3 以1杯黃豆、1杯水的比例放入果汁機中，攪至最細，直至沒有顆粒。

4 將兩種豆漿以濾網濾去殘渣，留下生豆漿。

5 將兩種生豆漿倒入同一鍋中，加入相同份量的開水，以木杓攪拌，以大火煮開。

6 依個人喜好加入細砂糖，攪拌均勻之後立即關火，此時再勿攪拌，直至放涼。

7 撈去豆漿上的豆腐皮，即可食用。

注意事項

因為紅豆所含的鐵質相當豐富，因此要避免與會阻礙鐵質吸收的紅茶、咖啡或含有豐富維生素E與鋅質的食品一起食用，以免破壞鐵質的吸收率。此外，因為紅豆具有相當好的利尿功效，因此建議頻尿的人不宜多食。

製作紅豆漿

＊使用豆漿機＊

材料

黃豆150公克、紅豆150公克

作法

1. 黃豆洗淨後，以1又1/2杯量倒入全自動豆漿機中，加入水至標準水位的位置，放上機頭，插上電源線，按下「乾豆」操作鍵，待提示音後即完成豆漿。
2. 紅豆洗淨後，以1又1/2杯量倒入全自動豆漿機中，加入水至標準水位的位置，放上機頭，插上電源線，按下「紅豆」操作鍵，待提示音後即完成豆漿。
3. 混合兩種豆漿即可以直接飲用，或用濾網過濾後加糖飲用。

解毒 退火綠豆漿

功效

綠豆富含植物性維生素A、維生素B_1、維生素B_2、維生素E、鈣、磷、鐵、菸鹼酸、膳食纖維、胡蘿蔔素等營養素，其中膳食纖維能夠幫助腸胃蠕動及促進排便，而且具有降低膽固醇及血脂肪的功效，維生素A、B群、E對於抗老化及養顏美容多有助益。中醫認為綠豆性涼，可清熱解毒，緩解大便乾燥、牙疼、咽喉腫痛等上火症狀，達到去火的功效。

＊傳統作法＊

材料

黃豆150公克、綠豆150公克

作法

1 將綠豆、黃豆洗淨，分別放入鍋內，倒進水浸泡5小時，至豆子膨脹即可。

2 將綠豆放入電鍋，以外鍋1杯水蒸熟，再以1杯綠豆、2杯水的比例放入果汁機中，攪至最細，直至綠豆沒有顆粒。

3 以1杯黃豆、1杯水的比例放入果汁機中，攪至最細，直至黃豆沒有顆粒。

4 兩種豆漿以濾網濾去殘渣，留下生豆漿。

5 將兩種生豆漿倒入同一鍋中，加入相同份量的開水，以木杓攪拌，以大火煮開。

6 依個人喜好加入細砂糖，攪拌均勻之後立即關火，此時再勿攪拌，直至放涼。

7 撈去豆漿上的豆腐皮，即可食用。

注意事項

＊綠豆屬於寒性食物，具有很強的利尿功能，因此頻尿或體質虛冷的人不宜食用過量。此外，由於綠豆具有解毒的功效，因此建議正在服用中藥的人，應該避免食用綠豆，以免使藥效降低。

＊綠豆中含有豐富的維生素與有機酸，這些營養素很容易因為加熱時間過長而遭到破壞，進而降低了綠豆清熱解毒的功效，因此要特別注意燉煮的時間不宜過長。

製作綠豆漿
＊使用豆漿機＊

材料

黃豆150公克、綠豆150公克

作法

1 黃豆洗淨後，以1又1/2杯量倒入全自動豆漿機中，加入水至標準水位的位置，放上機頭，插上電源線，按下「乾豆」操作鍵，待提示音後即完成豆漿。

2 綠豆洗淨後，以1又1/2杯量倒入全自動豆漿機中，加入水至標準水位的位置，放上機頭，插上電源線，按下「綠豆」操作鍵，待提示音後即完成綠豆漿。

3 混合兩種豆漿即可以直接飲用，或用濾網過濾後加糖飲用。

強肺

解鬱開心果豆漿

功效

開心果具有保護心臟的功效，因為它含有精胺酸，能降低血脂、預防心臟病發作有，減少動脈硬化的發生，並且緩解急性精神壓力造成的不良反應。除此之外，開心果中含有花青素，是絕佳的抗氧化物質，還有葉黃素能保護視網膜。

這道牛奶開心果豆漿主要的功效是調理腎、肺功能、解除鬱悶，使人保持愉快的心情。

＊傳統作法＊

材料

黃豆150公克、開心果30公克、牛奶250毫升

作法

1 將黃豆、開心果洗淨，倒入水浸泡5小時；開心果剝去殼備用。
2 以1杯黃豆、1杯水的比例放入果汁機中，攪至最細，直至黃豆沒有顆粒。
3 以1杯開心果、1杯水的比例放入果汁機中，攪至最細，直至沒有顆粒。
4 兩種漿汁以濾網濾去殘渣，留下生漿。
5 將兩種生漿倒入同一鍋中，加入相同份量的開水，以木杓攪拌，以大火煮開。
6 依個人喜好加入細砂糖，攪拌均勻之後立即關火，此時再勿攪拌，直至放涼。
7 撈去豆漿上的豆腐皮，即可食用。

注意事項

開心果的熱量很高，含有較多的脂肪，血脂較高、節食減肥中的人不宜多量。 此外，開心果的果仁呈現綠色時最為新鮮，如果果仁已經變成黃色，表示儲藏的時間太久已經變質，不宜食用，以免危害健康。

使用豆漿機

作法

1 開心果洗淨剝去殼，黃豆洗淨。將黃豆及開心果倒入全自動豆漿機中。
2 加入牛奶及至標準水位的水。
3 放上機頭，插上電源線，按下「乾豆」操作鍵，待提示音後即完成豆漿。可以直接飲用，或用濾網過濾後加糖飲用。

營養均衡 健康牛奶豆漿

功效

牛奶中含有人體所需的八種胺基酸，主要的功用是提供人體營養、控制代謝及輸送氧氣，而且還能預防病菌的侵襲。牛奶中有多種脂肪酸和少量磷脂，對於大腦及神經都具有保健作用。牛奶中有一項特有的碳水化合物，就是乳糖。乳糖有幫助人體吸收鈣、鎂、鐵、鋅的功用，因此，對於嬰、幼兒的智力發展是一項重要的營養素，並能預防佝僂病。除此之外，牛奶中含有豐富的維生素A、D、E、K、B_1、B_2、B_{12}、泛酸等，都是維持人體健康所需的營養素。

＊傳統作法＊

材料

黃豆300公克、牛奶150毫升

作法

1 將黃豆洗淨，放入鍋內，倒進水浸泡5小時，至豆子膨脹即可。

2 以1杯黃豆、1杯水的比例放入果汁機中，攪至最細，直至沒有顆粒。

3 將豆漿以濾網濾去殘渣，留下生豆漿。

4 將生豆漿倒入鍋中，加入牛奶及150毫升的開水，以木杓攪拌，以大火煮開。

5 依個人喜好加入細砂糖，攪拌均勻之後立即關火，此時再勿攪拌，直至放涼。

6 撈去豆漿上的豆腐皮，即可食用。

注意事項

中老年人體內缺乏乳糖酶，所以不宜喝過量的牛奶。此外，缺鐵性貧血患者、腹部手術病人、腎結石病人、膽囊炎和胰腺炎者、乳糖不耐者都不宜喝牛奶。

使用豆漿機

作法（材料分二次製作）

1 黃豆洗淨後，以1又1/2杯量倒入全自動豆漿機中。

2 加入1/2量牛奶及至標準水位的水。

3 放上機頭，插上電源線，按下「乾豆」操作鍵，待提示音後即完成豆漿。可以直接飲用，或用濾網過濾後加糖飲用。

強健骨骼 健體青豆漿

功效

青豆中所含的營養成分有醣分、纖維、維生素A、維生素K等。其中維生素K可以幫助人體將吸收的鈣質存留在骨骼內，對於維持人體骨骼健康很重要。除此之外，青豆富含不飽和脂肪酸和大豆卵磷脂，可以幫助我們保持血管的彈性、強健大腦及防止脂肪肝的形成。青豆還能夠降低罹患癌症的機率，對於腸癌、前列腺癌、皮膚癌、食道癌等有抑制的功效，因為它富含異黃酮、皂苷、胰蛋白酶抑制劑、鉬、硒等抗癌成分。

＊傳統作法＊

材料

黃豆250公克、青豆50公克

作法

1 將黃豆洗淨，放入鍋內，倒進水浸泡5小時，至豆子膨脹；青豆洗淨即可。
2 以1杯黃豆、1杯水的比例放入果汁機中，放入青豆攪至最細，直至沒有顆粒。
3 以濾網濾去殘渣，留下生漿。
4 將生漿倒入鍋中，加入相同份量的開水，以木杓攪拌，以大火煮開。
5 依個人喜好加入細砂糖，攪拌均勻之後立即關火，此時再勿攪拌，直至放涼。
6 撈去豆漿上的豆腐皮，即可食用。

注意事項

除了痰濕、陽虛體質的人，或對青豆過敏的人之外，一般人都可以食用青豆。

使用豆漿機

作法（材料分二次製作）

1 黃豆洗淨。將黃豆1/2量及青豆1/2量倒入全自動豆漿機中。
2 加入水至標準水位的位置。
3 放上機頭，插上電源線，按下「乾豆」操作鍵，待提示音後即完成豆漿。可以直接飲用，或用濾網過濾後加糖飲用。

通便 潤腸豌豆漿

功效

新鮮的豌豆中富含維生素C及β—胡蘿蔔素，鐵、鉀等礦物質，和豐富的膳食纖維。膳食纖維具有促進大腸蠕動、預防便祕、清潔腸道的功效。

就中醫認為，豌豆性平味甘，入脾、胃、大腸經，具有和中益氣、利尿、解瘡毒、通乳消脹等功能。相較於一般蔬菜，豌豆含有止杈酸、赤黴素、等物質，具有加強新陳代謝、抗菌消炎的功效。它還含有維生素C，能幫助肌膚美白、防老並且抵抗自由基的侵入、破壞。

傳統作法

材料

黃豆300公克、豌豆50公克

作法

1 將黃豆洗淨，放入鍋內，倒進水浸泡5小時，至豆子膨脹；豌豆洗淨即可。
2 以1杯黃豆、1杯水的比例放入果汁機中，加入豌豆攪至最細，直至沒有顆粒。
3 漿汁以濾網濾去殘渣，留下生漿。
4 將生漿倒入鍋中，加入相同份量的開水，以木杓攪拌，以大火煮開。
5 依個人喜好加入細砂糖，攪拌均勻之後立即關火，此時再勿攪拌，直至放涼。
6 撈去豆漿上的豆腐皮，即可食用。

注意事項

食用過多豌豆容易引起腹脹，因此應該要注意每次食用的分量不宜超過80公克左右。

使用豆漿機

作法（材料分二次製作）

1 黃豆洗淨，將黃豆1/2量及豌豆1/2量倒入全自動豆漿機中。
2 加入水至標準水位的位置。
3 放上機頭，插上電源線，按下「乾豆」操作鍵，待提示音後即完成豆漿。可以直接飲用，或用濾網過濾後加糖飲用。

預防腦出血 軟化血管蕎麥豆漿

功效

蕎麥中除了維生素B群、C、E、菸鹼酸之外，還有豐富的膳食纖維、粗蛋白、粗脂肪、醣類，以及維生素P，具有保護血管的功用。此外，蕎麥中還含有鈉、鉀、鈣、鎂、磷、鐵、鋅等多種微量元素。苦蕎麥中還多了一種芸香素，具有強化人體微血管及預防動脈硬化和高血壓症狀的功效。這道蕎麥白米豆漿具有降低人體血脂和膽固醇、軟化血管、保護視力和預防腦出血的功效，尤其在冬天是腦溢血及消化性潰瘍出血好發期，這道飲品非常適合用來保健與預防。

使用豆漿機

作法（材料分二次製作）

1 黃豆、白米、蕎麥洗淨。將黃豆1/2量、蕎麥1/2量、白米1/2量倒入全自動豆漿機中。

2 加入水至標準水位的位置。

3 放上機頭，插上電源線，按下「養生粥」操作鍵，待提示音後即完成豆漿。可以直接飲用，或用濾網過濾後加糖飲用。

＊傳統作法＊

材料

黃豆250公克、蕎麥30公克、白米60公克

作法

1 將黃豆洗淨，倒入水浸泡5小時備用。

2 將白米、蕎麥洗淨，分別放入電鍋，以煮飯方式煮熟。

3 以1杯黃豆、1杯水的比例放入果汁機中，加入白米、蕎麥，攪至最細，直至沒有顆粒。

4 將豆漿以濾網濾去殘渣，留下生豆漿。

5 將生豆漿倒入鍋中，加入相同份量的開水，以木杓攪拌，以大火煮開。

6 依個人喜好加入細砂糖，攪拌均勻之後立即關火，此時再勿攪拌，直至放涼。

7 撈去豆漿上的豆腐皮，即可食用。

注意事項

蕎麥中含有一些容易引起過敏性的物質，容易引發或加重過敏者應避免食用；此外，消化功能不佳或經常腹瀉的人，不宜飲用這道飲品。

抗過敏 止瀉止癢蓮藕豆漿

功效

蓮藕含有豐富的鐵質，可以改善缺血性貧血；維生素C及膳食纖維，可以預防便祕及維護肝臟機能；豐富的單寧酸具有收縮血管及止血作用，對於有瘀血或出血病症的人非常適宜。它的成分還有澱粉、蛋白質、維生素B，及氧酶鞣質、天門冬素、焦性兒茶酚等，都是非常營養而且對身體有益的物質，具有降膽固醇、預防高血壓與糖尿病的功效。這道白米豆漿具有維護肝臟健康、強健胃部功能、養血補益、止瀉、抗過敏的功效，對於食欲不振、腹虛弱和蕁麻疹患者特別適合。

注意事項

蓮藕屬寒性食物，經期中的女性或有痛經者不宜食用。此外，烹煮蓮藕時忌用鐵器，以免食物發黑。

使用豆漿機

作法（材料分二次製作）

1 黃豆、白米洗淨，蓮藕洗淨去皮。將黃豆1/2量、白米1/2量、蓮藕1/2量倒入全自動豆漿機中。
2 加入水至標準水位的位置。
3 放上機頭，插上電源線，按下「養生粥」操作鍵，待提示音後即完成豆漿。可以直接飲用或用濾網過濾後加糖飲用。

＊傳統作法＊

材料

黃豆200公克、白米90公克、蓮藕100公克

作法

1 將黃豆洗淨，倒入水浸泡5小時；白米洗淨，蓮藕洗淨去皮，分別放入電鍋，以一杯水蒸熟備用。

2 以1杯黃豆、1杯水的比例放入果汁機中，加入白米、蓮藕攪至最細，直至沒有顆粒。

3 將豆漿以濾網濾去殘渣，留下生豆漿。

4 將生豆漿倒入鍋中，加入相同份量的開水，以木杓攪拌，以大火煮開。

5 依個人喜好加入細砂糖，攪拌均勻之後立即關火，此時再勿攪拌，直至放涼。

6 撈去豆漿上的豆腐皮，即可食用。

降血脂

排便玉米豆漿

功效

玉米含有豐富的蛋白質、亞油酸、卵磷脂、胡蘿蔔素、膳食纖維，還有維生素A、E、F，及鉀、硒、鎂等礦物質，以及八種人體所需的必需胺基酸。玉米中的菸鹼酸、維生素B_6，具有刺激胃腸蠕動的功效，可以加速排便，促進人體代謝功能，因此對於防治便祕、腸炎、腸癌等具有功效。

玉米中含有豐富的維生素C，不但能抗氧化，還能夠延緩衰老。長期食用玉米可以幫助血脂肪下降，軟化動脈血管，避免心血管疾病的發生。研究發現，玉米中所含的代謝酵素，具有協助人體氧化脂肪的功效，對於肥胖者與老人的健康都很有幫助。

＊傳統作法＊

材料

黃豆250公克、玉米粒60公克

作法

1 將黃豆洗淨，倒入水浸泡5小時備用。
2 以1杯黃豆、1杯水的比例放入果汁機中，加入玉米粒攪至最細，直至沒有顆粒。
3 將生豆漿以濾網濾去殘渣，留下生漿。
4 將生豆漿倒入鍋中，加入相同份量的開水，以木杓攪拌，以大火煮開。
5 依個人喜好加入細砂糖，攪拌均勻之後立即關火，此時再勿攪拌，直至放涼。
6 撈去豆漿上的豆腐皮，即可食用。

注意事項

玉米容易因為不新鮮而產生黴菌，導致癌症，因此要特別注意玉米的新鮮度，以免影響健康。

使用豆漿機

作法（材料分二次製作）

1 黃豆洗淨。將黃豆1/2量、玉米粒1/2量倒入全自動豆漿機中。
2 加入水至標準水位的位置。
3 放上機頭，插上電源線，按下「乾豆」操作鍵，待提示音後即完成豆漿。可以直接飲用，或用濾網過濾後加糖飲用。

潤膚

青春花生豆漿

功效

花生含有豐富的蛋白質及不飽和脂肪酸，營養價值不亞於肉類、雞蛋或牛奶。

花生中含有維生素E和鋅，可以幫助人體抵抗衰老，增強記憶力；維生素C，對於降低膽固醇、預防動脈硬化、高血壓等心血管疾病具有功效；硒及白藜蘆醇，具有防癌的功效。就中醫的觀點來看，花生對於產後孕婦不僅具有止血的功能，還能促進乳汁分泌，營養非常豐富。

這項飲品不但具有增強記憶、抗老化、延緩腦功能衰退、滋潤皮膚、止血的功效，還有助於預防動脈硬化、高血壓和冠心病。

使用豆漿機

作法（材料分二次製作）

1 將花生洗淨，去殼去皮；黃豆洗淨。將黃豆1/2量及花生1/2量倒入全自動豆漿機中。

2 加入1/2量牛奶及至標準水位的水。

3 放上機頭，插上電源線，按下「乾豆」操作鍵，待提示音後即完成豆漿。可以直接飲用，或用濾網過濾後加糖飲用。

注意事項

由於花生在生長過程中容易感染黃麴霉毒素，是一種很強的致癌物質，因此絕對不要生食花生。此外，具有過敏體質的孕婦，避免造成胎兒過敏體質，在懷孕及哺乳期間也不適合吃花生；花生容易引起腹脹、火氣大，因此不宜食用過量。

＊傳統作法＊

材料

黃豆300公克、花生60公克、牛奶250毫升

作法

1 將花生洗淨，泡溫水4小時左右，去殼去皮；黃豆洗淨，倒進水浸泡5小時備用。
2 以1杯黃豆、1杯水的比例放入果汁機中，加入花生攪至最細，直至沒有顆粒。
3 將豆漿以濾網濾去殘渣，留下生豆漿。
4 將生豆漿倒入鍋中，加入牛奶，以木杓攪拌，以大火煮開。
5 依個人喜好加入細砂糖，攪拌均勻後，直至放涼。
6 撈去豆漿上的豆腐皮，即可食用。

增進細胞生長 健體米香豆漿

功效

白米含有維生素B群、E、醣類、鈣、磷、鉀等營養素。其中維生素B_1對於醣類的代謝有極大的幫助；維生素E具有抗氧化、延緩衰老的功效。

白米中的蛋白質含量並不多，而且必需胺基酸不平衡，這道飲品中的白米恰好與黃豆所含的蛋白質搭配，形成均衡的營養。

使用豆漿機

作法（材料分二次製作）

1. 黃豆、白米洗淨。將黃豆1/2量及白米1/2量倒入全自動豆漿機中。
2. 加入水至標準水位的位置。
3. 放上機頭，插上電源線，按下「養生粥」操作鍵，待提示音後即完成豆漿。可以直接飲用，或用濾網過濾後加糖飲用。

注意事項

這道飲品容易引起腹脹，消化不良或患有慢性消化道疾病的人不宜飲用過量。

＊傳統作法＊

材料

黃豆300公克、白米30公克

作法

1 將黃豆洗淨，倒入水浸泡5小時；白米洗淨，放入電鍋煮熟備用。
2 以1杯黃豆、1杯半水的比例放入果汁機中，加入白米攪至最細，直至沒有顆粒。
3 將豆漿以濾網濾去殘渣，留下生豆漿。
4 將白米豆漿倒入鍋中，加入相同份量的開水，以木杓攪拌，以大火煮開。
5 依個人喜好加入細砂糖，攪拌均勻之後立即關火，此時再勿攪拌，直至放涼。
6 撈去豆漿上的豆腐皮，即可食用。

促進睡眠

潤腸小米豆漿

功效

小米中含有維生素E、B群，還有磷、鈣、鐵、鉀等礦物質，及醣類等營養素，小米的纖維質很容易被消化，適合病後體虛、產後婦女及腹瀉的人食用。這道豆漿飲品含有豐富的膳食纖維，具有潤腸通便、預防便祕的功效。加入小米的這道豆漿飲品，更具有提振食欲、促進睡眠的效果。

注意事項

小米不適合當主食，因為它的蛋白質成分不完整，離胺酸含量也偏低，最好搭配魚類、肉類一起食用，才不會造成營養不足的情況；此外，胃部虛冷的人也不宜攝取過多。

材料

黃豆250公克，玉米粒60公克，小米30公克

傳統作法

作法

1 將黃豆洗淨，倒入水浸泡5小時；小米洗淨，倒入水浸泡2小時，放入電鍋蒸熟備用。
2 以1杯半黃豆、1杯水的比例放入果汁機中，放入玉米粒及小米攪至最細，直至沒有顆粒。
3 將豆漿以濾網濾去殘渣，留下生豆漿。
4 將生豆漿倒入鍋中，加入相同份量的開水，以木杓攪拌，以大火煮開。
5 依個人喜好加入冰糖，攪拌均勻之後立即關火，此時再勿攪拌，直至放涼。
6 撈去豆漿上的豆腐皮，即可食用。

使用豆漿機

作法（材料分二次製作）

1 黃豆、小米洗淨。將黃豆1/2量、玉米粒1/2量、小米1/2量倒入全自動豆漿機中。
2 加入水至標準水位的位置。
3 放上機頭，插上電源線，按下「養生粥」操作鍵，待提示音後即完成豆漿。可以直接飲用，或用濾網過濾後加冰糖飲用。

安撫神經

生津小麥豆漿

功效

小麥含有多種營養素，主要有大量的維生素B群和蛋白質，具有安定神經、治療末梢神經炎、腳氣病等功效。這一道小麥玉米豆漿，具有安撫神經、緩解失眠的功效，對於除熱、止瀉、生津很有幫助。

傳統作法

材料

黃豆250公克、玉米粒60公克、小麥仁30公克

作法

1 將黃豆洗淨，倒入水浸泡5小時；小麥洗淨，倒入水浸泡2小時，放入電鍋蒸熟備用。

2 以1杯黃豆、1杯半水的比例放入果汁機中，加入小麥仁及玉米粒，攪至最細，直至沒有顆粒。

3 將豆漿以濾網濾去殘渣，留下生豆漿。

4 將生豆漿倒入鍋中，加入相同份量的開水，以木杓攪拌，以大火煮開。

5 依個人喜好加入糖，攪拌均勻之後立即關火，此時再勿攪拌，直至放涼。

6 撈去豆漿上的豆腐皮，即可食用。

使用豆漿機

作法（材料分二次製作）

1 黃豆、小麥仁洗淨。將黃豆1/2量、玉米粒1/2量、小麥仁1/2量倒入全自動豆漿機中。

2 加入水至標準水位的位置。

3 放上機頭，插上電源線，按下「五穀豆漿」操作鍵，待提示音後即完成豆漿。可以直接飲用，或用濾網過濾後加糖飲用。

注意事項

雖然小麥是世界上主要食物和營養來源之一，但在美國，每一至兩百人中就有一人患有麩質過敏症，因此過敏的人要謹慎飲用。

PART 3

跟我作健康豆漿

每一道養生豆漿都是為了你的身體所調配，
只要花點心思，健康也能自己維護。

補腎 養血黑豆漿

功效

黑豆被中醫譽為腎之穀，形狀像腎，能健脾利水、補腎、陰養血、祛風除熱、潤肺燥，且含有蛋白質、卵磷脂等，因此一直被視為藥食兩相宜。

古代醫書記載，黑糯米能滋陰補腎、健身暖胃、明目活血、清肝潤腸、補肺軟筋，此也為現代醫學證實。

使用豆漿機

作法

1. 將黑豆、黃豆、黑糯米洗淨，倒入全自動豆漿機中。
2. 加入水至標準水位的位置。
3. 放上機頭，插上電源線，按下「五穀豆漿」操作鍵，待提示音後即完成豆漿。可以直接飲用，或用濾網過濾後加蜂蜜飲用。

傳統作法

材料

黑豆100公克、黃豆100公克、黑糯米40公克、蜂蜜20公克

作法

1 將黑豆、黃豆洗淨，倒入水泡5小時；黑糯米，倒入水浸泡2小時，撈起放入電鍋中，外鍋放入1杯水，以煮飯方式煮熟備用。
2 以1杯黑豆、1杯水的比例放入果汁機中，攪至最細，直至黑豆沒有顆粒。
3 以1杯黃豆、1杯水的比例放入果汁機中，再放入黑糯米、蜂蜜攪至最細，直至沒有顆粒。
4 將兩種豆漿以濾網濾去殘渣，留下生豆漿。
5 將生豆漿倒入鍋中，加入相同份量的開水，以木杓攪拌，以大火煮開後立即關火，此時再勿攪拌，直至放涼。
6 撈去豆漿上的豆腐皮，即可食用。

預防心臟病 安神紅棗豆漿

功效

《本草綱目》提及紅棗能健脾養胃、益血壯神，枸杞則有滋補療虛功效。這道豆漿能補虛益氣、安神補腎、改善心肌營養、防治心血管疾病，適合心血管疾病患者飲用。

＊傳統作法＊

材料

黃豆90公克、紅棗30公克、枸杞20公克

作法

1 將黃豆洗淨，倒入水浸泡5小時；紅棗及枸杞洗淨，紅棗去核，枸杞泡水至軟。

2 以1杯黃豆、1杯水的比例放入果汁機中，加入紅棗攪至最細，直至沒有顆粒。

3 將豆漿以濾網濾去殘渣，留下生豆漿。

4 將生豆漿倒入鍋中，加入相同份量的開水，以木杓攪拌，以大火煮開，依個人喜好加入細砂糖，攪拌均勻之後，撒上枸杞立即關火，此時再勿攪拌，直至放涼。

5 撈去豆漿上的豆腐皮，即可食用。

使用豆漿機

作法

1 將黃豆、紅棗及枸杞洗淨，紅棗去核，枸杞泡水。黃豆、紅棗倒入全自動豆漿機中。

2 加入水至標準水位的位置。

3 放上機頭，插上電源線，按下「養生粥」操作鍵，待提示音後即完成豆漿，撒上枸杞可以直接飲用，或用濾網過濾後加糖飲用。

注意事項

很多人以為像枸杞紅棗可以一直喝，或隨時來一杯，其實若是燥熱體質，很容易因此而上火，更易有口乾、便祕等現象。

健脾胃 豐胸山藥豆漿

功效

中醫認為，山藥味甘性平，能補脾胃、止瀉。山藥含有澱粉酶，有益脾胃消化，若脾胃功能虛弱、氣色黃、說起話來元氣不足、食欲差的腹瀉患者，可以益氣健脾。山藥雖然能止瀉，卻不適用於急性腸胃炎患者。與同屬主食的白飯相比，膳食纖維、礦物質、鈣或鐵含量皆更勝一籌，同時，也具有豐胸效果，對於發育中的女生有幫助唷！

使用豆漿機

作法

1 將黃豆洗淨，山藥去皮切塊，糯米洗淨泡水。將黃豆、青豆、山藥、糯米倒入全自動豆漿機中。

2 加入水至標準水位的位置。

3 放上機頭，插上電源線，按下「養生粥」操作鍵，待提示音後即完成豆漿。可以直接飲用，或用濾網過濾後加糖飲用。

注意事項

*當生豆漿加熱到攝氏八十度至九十度的時候，會出現大量的白色泡沫，很多人誤以為此時豆漿已經煮熟，但實際上這是一種「假沸」現象，此時的溫度不能破壞豆漿中的皂苷物質。正確的煮豆漿方法應該是，在出現「假沸」現象後繼續加熱三至五分鐘，使泡沫完全消失。

傳統作法

材料

黃豆50公克、青豆50公克、鮮山藥50公克、長糯米15公克

作法

1 將黃豆洗淨,倒入水浸泡5小時。糯米洗淨泡水,山藥去皮切塊,分別放入電鍋,外鍋放一杯水,以煮飯方式煮熟;山藥放入碗中搗成泥。青豆洗淨備用。
2 以1杯黃豆、2杯水的比例放入果汁機中,加入山藥泥、青豆、長糯米攪至最細,直至沒有顆粒。
3 將豆漿以濾網濾去殘渣,留下生豆漿。
4 將生豆漿倒入鍋中,加入相同份量的開水,以木杓攪拌,以大火煮開後,依個人喜好加入細砂糖,攪拌均勻之後立即關火,此時再勿攪拌,直至放涼。
5 撈去豆漿上的豆腐皮,即可食用。

幫助代謝

排毒紅薯豆漿

功效

紅薯不僅含有大量的膳食纖維，其葡糖苷成分也具相同效果，能讓腸子有更強力的活動。吃紅薯容易排氣，特別是吃較甜的烤紅薯。如果連皮一起吃的話，效果會更好，因薯皮中含有分解澱粉的酶，很容易消化而不會產生廢氣。

綠豆是中醫常用來解除多種食物或藥物毒素的一味中藥，常食綠豆能幫助排除體內毒素，促進人體的正常代謝。

使用豆漿機

作法

1 將黃豆、綠豆洗淨，紅薯洗淨去皮切小塊。黃豆、綠豆、紅薯倒入全自動豆漿機中。

2 加入水至標準水位的位置。

3 放上機頭，插上電源線，按下「養生粥」操作鍵，待提示音後即完成豆漿。可以直接飲用，或用濾網過濾後加糖飲用。

＊傳統作法＊

材料

綠豆40公克、黃豆60公克、紅薯1顆

作法

1 將黃豆、綠豆洗淨，倒入水浸泡5小時；紅薯洗淨去皮切小塊備用。

2 以1杯黃豆、1杯半水的比例放入果汁機中，再放入紅薯塊攪至最細，直至黃豆沒有顆粒。

3 將綠豆放入電鍋，以外鍋1杯水蒸熟，以1杯綠豆、2杯水的比例放入果汁機中，攪至最細，直至沒有顆粒。

4 將兩種豆漿以濾網濾去殘渣，留下生豆漿。

5 將生豆漿倒入鍋中，加入相同份量的開水，以木杓攪拌，以大火煮開，依個人喜好加入細砂糖，攪拌均勻之後立即關火，此時再勿攪拌，直至放涼。

6 撈去豆漿上的豆腐皮，即可食用。

護髮

益壽核桃豆漿

功效

核桃為補充頭髮、皮膚營養的絕佳食品，具有潤肺、養顏與補腎的功效，有「長壽果」之稱，含有豐富的維生素A、B、C、E等，且有二十多種礦物質，及高達百分之二十五的胺基酸。

蜂蜜具有養血養顏、清熱解毒、清腸通便與解百毒的效果，且所構成的葡萄糖及果糖為單醣類，可直接為人體吸收，不需要經過酶來分解。

＊傳統作法＊

材料

黃豆80公克、蜂蜜20公克、核桃仁50公克

作法

1 將黃豆洗淨，倒入水浸泡5小時；核桃仁切小塊備用。
2 以1杯黃豆、1杯水的比例放入果汁機中，再放入核桃仁、蜂蜜攪至最細，直至沒有顆粒。
3 將豆漿以濾網濾去殘渣，留下生豆漿。
4 將生豆漿倒入鍋中，加入相同份量的開水，以木杓攪拌，以大火煮開後立即關火，此時再勿攪拌，直至放涼。
5 撈去豆漿上的豆腐皮，即可食用。

使用豆漿機

作法

1 將黃豆洗淨，核桃仁切小塊，倒入全自動豆漿機中。

2 加入水至標準水位的位置。

3 放上機頭，插上電源線，按下「乾豆」操作鍵，待提示音後即完成豆漿。可以直接飲用，或用濾網過濾後加蜂蜜飲用。

注意事項

蜂蜜最好於攝氏30度以下食用，過高溫很快即變質，香味及滋味因而揮發，抑菌作用下降，營養物質嚴重被破壞，且食之有不愉快的味道。

養肺 滋補百合豆漿

功效

本品可潤肺止咳、清火滋陰、養心安神、補腦抗衰。

蓮子中的鈣、磷和鉀含量非常豐富，有養心的功效；雖然蓮心味道極苦，可是卻有顯著的強心作用，能擴張外周邊血管，降低血壓，還有很好的去心火功效，可治療口舌生瘡，並有助於睡眠。

百合，味甘微苦，性平，入心、肺經，具有養肺止咳、清心安神、養陽消熱之功效，與其他食物一併食用也能發揮其作用。其含有澱粉、蛋白質、脂肪及鈣、磷等營養素，這些成分綜合於人體，也具有良好的營養滋補功效。

＊傳統作法＊

材料

綠豆60公克、黃豆80公克、百合10公克、蓮子10個

作法

1 將黃豆及綠豆洗淨，倒入水浸泡5小時；百合及蓮子洗淨，以溫水浸泡至軟。

2 以1杯黃豆、1杯半水的比例放入果汁機中，加入百合、蓮子攪至最細，直至黃豆沒有顆粒。

3 將綠豆放入電鍋，以外鍋1杯水蒸熟，以1杯綠豆、2杯水的比例放入果汁機中，攪至最細，直至沒有顆粒。

4 將兩種豆漿以濾網濾去殘渣，留下生豆漿。

5 將生豆漿倒入鍋中，加入相同份量的開水，以木杓攪拌，以大火煮開，依個人喜好加入細砂糖，攪拌均勻之後立即關火，此時再勿攪拌，直至放涼。

6 撈去豆漿上的豆腐皮，即可食用。

注意事項

＊蓮子含有蓮心會較苦，但打在豆漿中便感覺不太出來，是個讓小朋友食用的方法之一。

＊百合可作為滋補佳品，秋冬季服食更佳。但有虛寒出血者不宜食用。

使用豆漿機

作法

1 將黃豆、綠豆、百合及蓮子洗淨，百合及蓮子以溫水浸泡至軟。黃豆、綠豆、百合、蓮子倒入全自動豆漿機中。

2 加入水至標準水位的位置。

3 放上機頭，插上電源線，按下「養生粥」操作鍵，待提示音後即完成豆漿。可以直接飲用，或用濾網過濾後加糖飲用。

改善痛經

養顏山楂豆漿

功效

中醫認為山楂具有活血化瘀的作用，是血瘀型痛經患者的食療佳品，也能開胃消食，適合食欲不振或腹部疼痛的病人。

中醫認為白米性味甘平，有補中益氣、健脾養胃、通血脈、聰耳明目、止煩、止渴、止瀉等功效，多食能令「強身好顏色」。

注意事項

＊若想加糖，可加紅糖。

＊消化道癌症的高危險群應經常食用山楂，對於已經患有癌症的患者，若出現消化不良時也可用山楂、白米一起食用，可助消化。

＊孕婦是不宜多吃山楂的，因為山楂有收縮子宮平滑肌的作用，有可能誘發流產。

＊山楂可促進胃酸的分泌，因此不宜空腹食用。

＊山楂中的酸性物質對牙齒具有一定的腐蝕性，食用後要注意及時漱口、刷牙，正處在牙齒更替期的兒童更應格外注意。

＊傳統作法＊

材料

黃豆60公克、白米60公克、鮮山楂5顆

作法

1 將黃豆洗淨，倒入水浸泡5小時；白米洗淨，放入電鍋，以煮飯方式蒸熟；鮮山楂去核，並切碎備用。

2 以1杯黃豆、1杯半水的比例放入果汁機中，再放入鮮山楂、白米攪至最細，直至沒有顆粒。

3 將豆漿以濾網濾去殘渣，留下生豆漿。

4 將生豆漿倒入鍋中，加入相同份量的開水，以木杓攪拌，以大火煮開，依個人喜好加入細砂糖，攪拌均勻之後立即關火，此時再勿攪拌，直至放涼。

5 撈去豆漿上的豆腐皮，即可食用。

使用豆漿機

作法

1 將黃豆、白米洗淨，鮮山楂去核並切碎。黃豆、白米、鮮山楂倒入全自動豆漿機中。

2 加入水至標準水位的位置。

3 放上機頭，插上電源線，按下「養生粥」操作鍵，待提示音後即完成豆漿。可以直接飲用，或用濾網過濾後加糖飲用。

增強免疫

活力小麥豆漿

功效

小麥有性味甘平，具有保持細胞活力、增強抵抗力、保護肌膚組織、防止氧化、美顏、減少皺紋、養血安神的作用。

核桃可增強抵抗力、延緩衰老、調節膽固醇、補腦、促進神經系統發育、改善睡眠、促進骨骼及牙齒生長、補腎護肝。紅棗性味甘平，具有養胃健脾，補中益氣等功效。

使用豆漿機

作法

1 將黃豆洗淨，小麥洗淨，倒入水浸泡2小時；核桃洗淨，去核壓碎；紅棗去核切碎。

2 黃豆、小麥、核桃、紅棗倒入全自動豆漿機中。

3 加入水至標準水位的位置。

4 放上機頭，插上電源線，按下「五穀豆漿」操作鍵，待提示音後即完成豆漿。可以直接飲用，或用濾網過濾後加糖飲用。

＊傳統作法＊

材料

黃豆80公克、小麥40公克、紅棗10顆、核桃25公克

作法

1 將黃豆洗淨，倒入水浸泡5小時；將核桃洗淨，去核壓碎；紅棗去核切碎；小麥洗淨，倒入水浸泡2小時。

2 以1杯黃豆、1杯半水的比例放入果汁機中，放入小麥、核桃、紅棗攪至最細，直至沒有顆粒。

3 將豆漿以濾網濾去殘渣，留下生豆漿。

4 將生豆漿倒入鍋中，加入相同份量的開水，以木杓攪拌，以大火煮開，依個人喜好加入細砂糖，攪拌均勻之後立即關火，此時再勿攪拌，直至放涼。

5 撈去豆漿上的豆腐皮，即可食用。

注意事項

核桃的營養價值在於：提供充足的熱量、豐富的纖維、良好的蛋白質來源，富含必需脂肪酸、維生素及礦物質。

消除疲勞

健腦腰果豆漿

功效

大腦疲勞時，堅果類食品（花生、腰果、核桃、瓜子等）對於增強記憶力與健腦有很好的效果。堅果含有特殊的健腦物質——卵磷脂，對於勞動者而言，其營養是其他食物所不能匹敵的。堅果富有人體所需的脂肪酸——亞油酸，且無膽固醇，因此人們常把堅果類食品稱為「健腦食品」。堅果含豐富的維生素B群可減少工作或學習中的緊張、煩躁情緒，減輕眼睛疲勞及增強視力，因此每天對著電腦的人，這可是個好東西唷！

＊傳統作法＊

材料

黃豆80公克、花生30公克、腰果30公克

作法

1 黃豆洗淨，倒入水浸泡5小時；花生洗淨，泡水，泡溫水4小時左右，並碾碎；腰果碾碎。

2 以1杯黃豆、1杯半水的比例放入果汁機中，放入花生及腰果攪至最細，直至沒有顆粒。

3 將豆漿以濾網濾去殘渣，留下生豆漿。

4 將生豆漿倒入鍋中，加入相同份量的開水，以木杓攪拌，以大火煮開，依個人喜好加入細砂糖，攪拌均勻之後立即關火，此時再勿攪拌，直至放涼。

5 撈去豆漿上的豆腐皮，即可食用。

使用豆漿機

作法

1 黃豆、花生洗淨，花生去殼。黃豆、花生、腰果倒入全自動豆漿機中。

2 加入水至標準水位的位置。

3 放上機頭，插上電源線，按下「乾豆」操作鍵，待提示音後即完成豆漿。可以直接飲用，或用濾網過濾後加糖飲用。

注意事項

跌打損傷者不宜飲用，因花生含有凝血因子，會使血瘀不散，加重瘀腫。

PART 4

更好喝的養生豆漿

在家自己作豆漿不但衛生又健康，
多種口味的豆漿滿足你的味蕾。

美白　瘦身生菜豆漿

功效

本品清肝養胃，富含蔬菜纖維，利於減肥。

生菜所含熱量極低，富含水分，每一百公克食用部分含水量高達百分之九十四至百分之九十六，其膳食纖維及維生素C有消除多餘脂肪的作用，「干擾素誘生劑」可產生抗病毒蛋白抑制病毒。其莖葉中含有萵苣素，具清熱、消炎、鎮痛催眠、降低膽固醇作用。

＊傳統作法＊

材料

黃豆60公克、美生菜15公克（約兩大瓣）、日式沙拉醬1小匙

作法

1 將黃豆洗淨，倒入水浸泡5小時；生菜洗淨。
2 以1杯黃豆、1杯水的比例放入果汁機中，放入美生菜及沙拉醬，攪至最細，直至沒有顆粒。
3 將豆漿以濾網濾去殘渣，留下生豆漿。
4 將生豆漿倒入鍋中，加入相同份量的開水，以木杓攪拌，以大火煮開，依個人喜好加入細砂糖，攪拌均勻，立即關火，直至放涼。
5 撈去豆漿上的豆腐皮即可飲用。

使用豆漿機

作法

1 將黃豆洗淨；生菜洗淨，全倒入全自動豆漿機中。
2 加入日式沙拉醬及水至標準水位的位置。
3 放上機頭，插上電源線，按下「乾豆」操作鍵，待提示音後即完成豆漿。可以直接飲用，或用濾網過濾後加糖飲用。

注意事項

＊美生菜可能有農藥化肥的殘留，生吃前一定要洗淨。
＊美生菜對乙烯極為敏感，儲藏時應遠離蘋果、梨和香蕉，以免誘發褐斑點。生菜用手撕成片，吃起來會比刀切的脆。

增強免疫力

降脂南瓜豆漿

功效

近代營養學及醫學表示，多食南瓜可有效防治高血壓、糖尿病及肝臟病變，降低血糖，提高人體免疫能力，清代名醫陳修園更稱南瓜為補血妙品。南瓜對女性而言，能使肌膚豐美，有美容作用，對男性而言則有預防攝護腺癌之功用其含有大量亞麻仁油酸、軟脂酸、硬脂酸等肝油酸均為良質油脂。據資料顯示，南瓜本身的特殊營養成分可增強機體免疫力，防止血管動脈硬化，具有防癌、美容及減肥作用，在國際上更被視為特效保健蔬菜。

使用豆漿機

作法

1 將黃豆洗淨；南瓜洗淨，去皮切塊。

2 將黃豆、南瓜、綜合堅果類倒入全自動豆漿機中。

3 加入水至標準水位的位置。

4 放上機頭，插上電源線，按下「五穀豆漿」操作鍵，待提示音後即完成豆漿。可以直接飲用，或用濾網過濾後加糖飲用。

傳統作法

材料

黃豆150公克、南瓜150公克、綜合堅果20公克

作法

1 將黃豆洗淨，倒入水浸泡5小時；南瓜洗淨，去皮切塊，放入電鍋，以外鍋1杯水蒸熟，放入碗中壓成泥備用。

2 以1杯黃豆、2杯水的比例放入果汁機中，放入南瓜泥及綜合堅果類攪至最細，直至沒有顆粒。

3 將豆漿以濾網濾去殘渣，留下生豆漿。

4 將生豆漿倒入鍋中，加入相同份量的開水，以木杓攪拌，以大火煮開，依個人喜好加入細砂糖，攪拌均勻，立即關火，直至放涼。

5 撈去豆漿上的豆腐皮即可飲用。

注意事項

*高血壓患者，每日食量應以20至30公克為止，不宜過量。

*患有腳氣及氣滯濕阻之病忌食南瓜。

排毒 淨化蘋果豆漿

功效

蘋果含有果膠，可以降低血脂，營養價值高，熱量低又有飽足感，也可達到瘦身作用。果膠會和膽囊中的膽固醇結合排出，稀釋膽汁，有預防膽結石的效果。其可吸收腸道內多餘水分，對腸道產生適當溫和的刺激作用，有助維持腸道自然排泄功能，還有吸收水分、消除便祕、美膚、吸附膽汁和降膽固醇的作用，能夠有效地防止高血脂、高血壓、高血糖。

＊傳統作法＊

材料

黃豆80公克、蘋果1顆

作法

1 黃豆洗淨，倒入水浸泡5小時；蘋果洗淨，去皮去核，並切小塊。
2 以1杯黃豆、2杯水的比例放入果汁機，放入蘋果攪至最細，直至沒有顆粒。
3 將豆漿以濾網濾去殘渣，留下生豆漿。
4 將生豆漿倒入鍋中，加入相同份量的開水，以木杓攪拌，以大火煮開，依個人喜好加入細砂糖，攪拌均勻，立即關火，直至放涼。
5 撈去豆漿上的豆腐皮即可飲用。

注意事項

＊蘋果含有豐富的膳食纖維——果膠，因此蘋果在通便問題上能起到雙向調節的作用。當大便祕結時，多吃蘋果可以有潤腸通便的作用。果膠可以吸收本身容積2.5倍的水分，使糞便變軟易於排出，可以解除便祕之憂。當大便瀉泄時，蘋果中的果膠又能夠吸收糞便中的水分，使稀便變稠，從而起到止瀉的作用。蘋果的這種「雙向調節」作用十分柔和，尤其適用於老人和嬰幼兒。

使用豆漿機

作法

1 將黃豆洗淨。蘋果洗淨，去皮去核，並切小塊。
2 黃豆、蘋果倒入全自動豆漿機中。
3 加入及水至標準水位的位置。
4 放上機頭，插上電源線，按下「乾豆」操作鍵，待提示音後即完成豆漿，可以直接飲用，或用濾網過濾後加糖飲用。

潤肺 生津雪梨豆漿

功效

黃瓜含水量豐富，具有利尿作用，可將分解的酒精迅速排出體外，清爽的口感還有清熱降火作用。雪梨具有消除疲勞的功效，可加速酒精代謝。兩者皆具有清熱降火的功效。

黃瓜含有豐富的維生素E，有助於女性抗衰老，並有很強的生物活性黃瓜酶，能有效促進新陳代謝。其丙醇二酸可抑制糖類物質傳變成脂肪。黃瓜纖維對促進人體腸道內腐敗物質的排除及膽固醇的降低，都有一定作用。

雪梨具生津潤燥、清熱化痰之功效，特別適合秋天食用。

＊傳統作法＊

材料

黃豆70公克、小黃瓜30公克、雪梨1/2顆、蘋果1/2顆

作法

1 將黃豆洗淨，倒入水浸泡5小時；黃瓜洗淨，切塊；雪梨及蘋果洗淨，去皮去核，並切小塊。

2 以1杯黃豆、2杯水的比例放入果汁機中，放入小黃瓜、雪梨及蘋果攪至最細，直至沒有顆粒。

3 將豆漿以濾網濾去殘渣，留下生豆漿。

4 將生豆漿倒入鍋中，加入相同份量的開水，以木杓攪拌，以大火煮開，依個人喜好加入細砂糖，攪拌均勻，立即關火，直至放涼。

5 撈去豆漿上的豆腐皮即可飲用。

使用豆漿機

作法

1 黃豆洗淨；黃瓜洗淨，切塊；雪梨及蘋果洗淨，去皮去核，並切小塊。

2 將黃豆、黃瓜、雪梨及蘋果倒入全自動豆漿機中。

3 加入及水至標準水位的位置。

4 放上機頭，插上電源線，按下「乾豆」操作鍵，待提示音後即完成豆漿。可以直接飲用，或用濾網過濾後加糖飲用。

注意事項

＊黃瓜性味甘寒，常用於生食，而花生多油脂，一般而言，兩者相遇會增加滑利之性，有導致腹瀉之可能，不宜同食。

＊黃瓜中含有一種維生素C分解酶，若與辣椒、芹菜搭配，會降低人體對維他命C的吸收。

＊患有慢性胃炎、脾虛、咳嗽、糖尿病者，不宜食雪梨。

防癌

清腸蘆筍豆漿

功效

本品對膀胱癌、腸癌、肺癌等癌症有較好的預防調養作用。芹菜可調整血壓，富含膳食纖維，對通便、清理腸道有非常好的作用，且可平肝。蘆筍性味偏涼，有助清理腸道，含有豐富的礦物質。

傳統作法

材料

黃豆80公克、蘆筍30公克、西洋芹30公克

作法

1 將黃豆洗淨，倒入水浸泡5小時；西洋芹洗淨，去纖維，切小段；蘆筍洗淨，去尾部。

2 以1杯黃豆、1杯水的比例放入果汁機中，放入蘆筍及西芹攪至最細，直至沒有顆粒。

3 將豆漿以濾網濾去殘渣，留下生豆漿。

4 將生豆漿倒入鍋中，加入相同份量的開水，以木杓攪拌，以大火煮開，依個人喜好加入細砂糖，攪拌均勻，立即關火，直至放涼。

5 撈去豆漿上的豆腐皮即可飲用。

注意事項

*禁食族群：胃炎、腸炎、胃腸潰瘍患者及尿酸高、腎臟病患者。

*不可以選太粗的芹菜和蘆筍，膳食纖維太粗對老人及小孩較不好。

*黃豆水需丟掉。

使用豆漿機

作法

1 將黃豆洗淨；西芹洗淨，去纖維，切小段；蘆筍洗淨，去尾部。

2 將黃豆、西芹、蘆筍倒入全自動豆漿機中。

3 加入水至標準水位的位置。

4 放上機頭，插上電源線，按下「乾豆」操作鍵，待提示音後即完成豆漿。可以直接飲用，或用濾網過濾後加糖飲用。

PART

5

適合你的養生豆漿

針對特定的你，

多款豆漿讓你健康不外求。

產後恢復體形　紅薯豆漿

功效

山藥具有滋腎益精、健脾益胃的作用自古以來即被視為補養食品，它的黏質富含消化酵素，能夠滋補身體、幫助消化。紅薯含有抗癌物質，能夠防治結腸癌和乳腺癌還具有消除活性氧的作用，活性氧是誘發癌症的原因之一，故紅薯抑制癌細胞增殖的作用十分明顯。紅薯中的綠原酸，可抑制黑色素的產生，防止雀斑和老人斑的出現。紅薯還能抑制肌膚老化，保持肌膚彈性，減緩機體的衰老進程。

小米能鎮靜安眠、消食解肚脹、補元氣、健脾胃、補虛損、改善睡眠、降血壓、養胃，治療重症肌無力。

稻米也是補氣的。米在五穀中補脾效果最佳，中氣不足或疲倦乏力就要吃它。

注意事項

＊山藥萃取物具有抗氧化及抑制癌細胞生長的能力。短期的臨床試驗顯示，停經後婦女服用山藥三、四週後，可提高抗氧化能力並降低血脂肪的濃度。

＊脾虛、腹部脹氣者不宜服食。

傳統作法

材料

黃豆80公克、紅薯30公克、山藥30公克、白米20公克、小米20公克

作法

1 黃豆洗淨，倒入水浸泡5小時；大米及小米洗淨；山藥及紅薯洗乾淨去皮切丁，再分別放入電鍋內，外鍋加一杯水蒸煮變軟。
2 將煮好的山藥及紅薯放入碗內壓成泥。
3 以1杯黃豆、2杯水的比例放入果汁機中，放入大米、小米、紅薯泥、山藥泥攪至最細，直至沒有顆粒。
4 將豆漿以濾網濾去殘渣，留下生豆漿。
5 將生豆漿倒入鍋中，加入相同份量的開水，以木杓攪拌，以大火煮開，依個人喜好加入細砂糖，攪拌均勻，立即關火，直至放涼。
6 撈去豆漿上的豆腐皮即可飲用。

使用豆漿機

作法

1 黃豆、白米及小米洗淨；山藥及紅薯洗乾淨去皮切丁。黃豆、小米、白米、山藥、紅薯倒入全自動豆漿機中。
2 加入水至標準水位的位置。
3 放上機頭，插上電源線，按下「養生粥」操作鍵，待提示音後即完成豆漿。可以直接飲用，或用濾網過濾後加糖飲用。

改善更年期潮熱

桂圓豆漿

功效

桂圓有安神補血、補養心脾的功效，對更年期心煩氣躁、失眠多夢有輔助治療作用，對於心脾虛損、心血不足所致的失眠、健忘、驚悸、眩暈等症也有一定療效。大豆中的異黃酮有助於改善失眠、煩躁、潮熱等症狀。

使用豆漿機

作法

1 將黃豆、糯米洗淨。黃豆、糯米、桂圓肉倒入全自動豆漿機中。

2 加入水至標準水位的位置。

3 放上機頭，插上電源線，按下「養生粥」操作鍵，待提示音後即完成豆漿，撒上枸杞。可以直接飲用，或用濾網過濾後加糖飲用。

注意事項

＊肝氣鬱結者忌吃糯米。

＊上火發炎症狀不宜食用桂圓，懷孕後不宜多食。

＊傳統作法＊

材料

黃豆90公克、桂圓肉20公克、長糯米40公克

作法

1 黃豆、糯米洗淨，倒入水浸泡5小時。糯米放入電鍋，以外鍋一杯水蒸熟。桂圓肉洗淨，瀝乾備用。

2 以1杯黃豆、2杯水的比例放入果汁機中，放入糯米及桂圓肉攪至最細，直至沒有顆粒。

3 將豆漿以濾網濾去殘渣，留下生豆漿。

4 將生豆漿倒入鍋中，加入相同份量的開水，以木杓攪拌，以大火煮開，依個人喜好加入細砂糖，攪拌均勻，立即關火，直至放涼。

5 撈去豆漿上的豆腐皮即可飲用。

保護幼兒眼力 胡蘿蔔豆漿

功效

缺乏維生素A，是罹患呼吸道疾病與消化道感染的一大病因，而最能補充維生素A的當屬胡蘿蔔。豐富的胡蘿蔔素可轉化成維生素A，能明目養神，增強抵抗力，防治呼吸道疾病，也是修復氣管黏膜的幫手，並且會在呼吸道上形成保護膜，如此便可以有效隔離病原體對呼吸道黏膜細胞的傷害。

胡蘿蔔中的木質素也能提高免疫機制，間接消滅病毒及細菌。

使用豆漿機

作法

1 黃豆洗淨；胡蘿蔔洗淨去皮，並切丁。黃豆、胡蘿蔔倒入全自動豆漿機中。
2 加入水至標準水位的位置。
3 放上機頭，插上電源線，按下「乾豆」操作鍵，待提示音後即完成豆漿。可以直接飲用，或用濾網過濾後加糖飲用。

傳統作法

材料

黃豆80公克、胡蘿蔔1/3根

作法

1 黃豆洗淨，倒入水浸泡5小時；胡蘿蔔洗淨去皮，並切塊。
2 以1杯黃豆、1杯半水的比例放入果汁機中，放入胡蘿蔔攪至最細，直至沒有顆粒。
3 將豆漿以濾網濾去殘渣，留下生豆漿。
4 將生豆漿倒入鍋中，加入相同份量的開水，以木杓攪拌，以大火煮開，依個人喜好加入細砂糖，攪拌均勻，立即關火，直至放涼。
5 撈去豆漿上的豆腐皮即可飲用。

注意事項

胡蘿蔔切碎後不宜水洗，以免水溶性物質流失。

緩解妊娠反應　銀耳黑豆漿

功效

百合，味甘微苦性平，具有寧心安神、潤肺止咳之作用，適用於肺熱咳嗽、咳血、暑熱煩渴、精神官能症等。

銀耳味甘淡性平，具有滋陰潤肺補氣、益胃生津之功效。適用於肺虛咳嗽、痰中帶血、心悸失眠、動脈硬化等。

使用豆漿機

作法

1 黑豆洗淨，百合及銀耳以溫水浸泡約一小時至軟。黑豆、百合、銀耳倒入全自動豆漿機中。

2 加入水至標準水位的位置。

3 放上機頭，插上電源線，按下「乾豆」操作鍵，待提示音後即完成豆漿，可以直接飲用或用濾網過濾後加糖飲用。

＊傳統作法＊

材料

黑豆80公克、百合20公克、銀耳20公克

作法

1 黑豆洗淨，倒入水浸泡5小時；百合及銀耳以溫水浸泡約1小時至軟。
2 以1杯黑豆、1半杯水的比例放入果汁機中，放入百合及銀耳攪至最細，直至沒有顆粒。
3 將豆漿以濾網濾去殘渣，留下生豆漿。
4 將生豆漿倒入鍋中，加入相同份量的開水，以木杓攪拌，以大火煮開，依個人喜好加入細砂糖，攪拌均勻，立即關火，直至放涼。
5 撈去豆漿上的豆腐皮即可飲用。

注意事項

從準備懷孕時，吃營養豐富的食物對女性非常重要，像是銀耳可以多吃，但要煮得很爛才好，像從冰箱拿出太涼的就先不吃。

促進乳汁分泌 紅棗豆漿

功效

紅棗可補中益氣、養血養顏安神、緩和藥性、通乳，對乳汁分泌及產後體力恢復具有相當的功效，且具有棗的香氣與絲絲的甜。

紅豆有補血、利尿、催乳、消腫、促進心臟活化等效果，低血壓或容易疲倦的人可以多加食用。就中醫來說，紅豆也是一種藥材，具有健脾利水、解毒消腫的功效，可改善懷孕後期及產後所產生的水腫現象。

使用豆漿機

作法

1. 黃豆、紅豆洗淨；紅棗洗淨去核，切塊。黃豆、紅豆、紅棗倒入全自動豆漿機中。
2. 加入水至標準水位的位置。
3. 放上機頭，插上電源線，按下「養生粥」操作鍵，待提示音後即完成豆漿，可以直接飲用，或用濾網過濾後加糖飲用。

＊傳統作法＊

材料

紅豆50公克、紅棗5個、黃豆50公克

作法

1. 黃豆、紅豆洗淨，倒入水浸泡5小時；將紅豆放入電鍋，以外鍋1杯水蒸熟；紅棗洗淨去核，切塊備用。
2. 以1杯紅豆、2杯水的比例放入果汁機中，攪至最細，直至沒有顆粒。
3. 以1杯黃豆、1杯水的比例放入果汁機中，放入紅棗攪至最細，直至黃豆沒有顆粒。
4. 將兩種豆漿以濾網濾去殘渣混合，留下生豆漿。
5. 將生豆漿倒入鍋中，加入相同份量的開水，以木杓攪拌，以大火煮開，依個人喜好加入細砂糖，攪拌均勻，立即關火，直至放涼。
6. 撈去豆漿上的豆腐皮即可飲用。

注意事項 吃退燒藥時不宜喝這種豆漿，因紅棗含糖量高，容易形成不溶性的複合體，會減少藥物的吸收。

緩解月經不調 蓮藕豆漿

功效

蓮藕有恢復神經疲勞的功效，故可用於防治過度緊張、焦慮不安等引起的心神不定、失眠、眼睛疲勞等。更年期婦女出現月經不調、不定期出血或情緒不穩、坐立不安等症時，最好常吃。蓮藕還有調節心臟、血壓、改善末梢血液循環的功用，用於促進新陳代謝和防止皮膚粗糙。

雪梨生津潤燥、清熱化痰、養血生肌，可潤肺、涼心、降火、解毒，對急性氣管炎與上呼吸道感染均有良效，並有降低血壓與養陰清熱效果，對高血壓、肝炎、肝硬化有好處。

使用豆漿機

作法

1 黃豆洗淨，倒入水浸泡5小時；雪梨洗淨，去核切小塊；蓮藕洗淨，切塊。

2 黃豆、蓮藕、雪梨倒入全自動豆漿機中。

3 加入水至標準水位的位置。

4 放上機頭，插上電源線，按下「乾豆」操作鍵，待提示音後即完成豆漿。可以直接飲用，或用濾網過濾後加糖飲用。

＊傳統作法＊

材料

黃豆150公克、蓮藕5節、雪梨80公克

作法

1 黃豆洗淨，倒入水浸泡5小時；雪梨洗淨，去核切小塊；蓮藕洗淨，切塊。
2 以1杯黃豆、2杯水的比例放入果汁機中，放入蓮藕及雪梨攪至最細，直至沒有顆粒。
3 將豆漿以濾網濾去殘渣，留下生豆漿。
4 將生豆漿倒入鍋中，加入相同份量的開水，以木杓攪拌，以大火煮開，依個人喜好加入細砂糖，攪拌均勻，立即關火，直至放涼。
5 撈去豆漿上的豆腐皮即可飲用。

注意事項

＊蓮藕含有抗氧化之多酚類成分，禁與金屬、鐵器相遇，會起化學反應而變黑色，因此切時最好用不銹鋼刀具。

＊婦女產後忌冷，唯不忌蓮藕，因可消瘀血，但約等1至2週較為恰當，不宜過早食用。

＊蓮藕要挑選外皮呈黃褐色，藕節較短且藕身較粗的較好，從藕尖算起第二節最好，內部肉肥厚而白；如果發黑或有異味，則不宜食用。

促進胎兒神經發育 小米豆漿

功效

小米味甘鹹性涼，有補虛養胃的功效，對準媽媽脾胃虛弱、體弱氣血不足者尤佳，而腸胃虛弱、食欲不振、便祕者，皆可調理。

豌豆富含葉酸，可提高中樞神經組織的功能，且能促進嬰幼兒發育、增加免疫功能，有豐富的鈣、蛋白質、膳食纖維及植物脂肪。

使用豆漿機

作法

1 黃豆、小米、豌豆洗淨，倒入全自動豆漿機中。

2 加入水至標準水位的位置。

3 放上機頭，插上電源線，按下「養生粥」操作鍵，待提示音後即完成豆漿。可以直接飲用，或用濾網過濾後加糖飲用。

傳統作法

材料

黃豆90公克、小米30公克、豌豆30公克

作法

1 黃豆洗淨，倒入水浸泡5小時；將小米洗淨泡水，再放入電鍋，外鍋放1杯水蒸熟；豌豆洗淨備用。

2 以1杯黃豆、2杯水的比例放入果汁機中，放入小米、豌豆攪至最細，直至沒有顆粒。

3 將豆漿以濾網濾去殘渣，留下生豆漿。

4 將生豆漿倒入鍋中，加入相同份量的開水，以木杓攪拌，以大火煮開，依個人喜好加入細砂糖，攪拌均勻，立即關火，直至放涼。

5 撈去豆漿上的豆腐皮即可飲用。

注意事項

氣滯及體質偏寒的準媽媽不宜多食小米。

補充幼兒營養

芝麻豆漿

功效

本品可增強免疫力，加速傷口癒合，還能幫助抗生素發揮更佳效果。

燕麥含有β葡聚糖，這種可溶性膳食纖維具有抗菌和抗氧化、提高免疫力、調節病後體弱、降低膽固醇、調節腸道及血糖等保健功能；豐富的維生素及葉酸，可改善血液循環，利於胎兒生長發育；礦物質及微量元素，可促進傷口癒合，防止貧血病及預防骨質疏鬆症。

芝麻潤腸通便、益腦填髓、增強記憶力，並可活血養顏，改善皮膚。

使用豆漿機

作法

1 將黑豆洗淨；燕麥及熟芝麻搗碎。黑豆、燕麥、熟芝麻倒入全自動豆漿機中。
2 加入水至標準水位的位置。
3 放上機頭，插上電源線，按下「五穀豆漿」操作鍵，待提示音後即完成豆漿。可以直接飲用，或用濾網過濾後加糖飲用。

＊傳統作法＊

材料

黑豆80公克、燕麥30公克、熟芝麻20公克

作法

1 將黑豆洗淨，倒入水浸泡5小時；燕麥及熟芝麻搗碎。
2 以1杯黑豆、1杯半水的比例放入果汁機中，放入燕麥及熟芝麻攪至最細，直至沒有顆粒。
3 將豆漿以濾網濾去殘渣，留下生豆漿。
4 將生豆漿倒入鍋中，加入相同份量的開水，以木杓攪拌，以大火煮開，依個人喜好加入細砂糖，攪拌均勻，立即關火，直至放涼。
5 撈去豆漿上的豆腐皮即可飲用。

注意事項 芝麻不宜用於脾虛患者。

改善老年體虛乏力 五豆豆漿

功效

本品富含多種營養成分，長期飲用能降低人體膽固醇含量，對高血壓、高血脂、冠心病、動脈粥樣硬化、糖尿病等有一定的食療作用，還有保護心血管、平補肝腎、防老抗癌、降脂降糖、增強免疫等作用，非常適合中老年人飲用。

黑豆能軟化血管、滋潤皮膚、延緩衰老，並能滋補腎陰，改善老年人體虛乏力的狀況。

花生仁能降低血脂，保護心血管，減少老年人罹患心血管疾病的比率。

使用豆漿機

作法

1 將黑豆、黃豆、青豆、豌豆洗淨，花生去殼搗碎，所有材料倒入全自動豆漿機中。

2 加入水至標準水位的位置。

3 放上機頭，插上電源線，按下「乾豆」操作鍵，待提示音後即完成豆漿。可以直接飲用，或用濾網過濾後加糖飲用。

＊傳統作法＊

材料

黃豆80公克、黑豆50公克、青豆20公克、豌豆20公克、花生20公克

作法

1 黑豆、黃豆洗淨，倒入水浸泡5小時；青豆、豌豆洗淨；花生去殼搗碎。

2 以1杯黑豆、1杯水，放入果汁機中，攪至最細，直至沒有顆粒。

3 以1杯黃豆、2杯水的比例放入果汁機中，放入花生仁、青豆、豌豆攪至最細，直至沒有顆粒。

4 將兩種豆漿以濾網濾去殘渣，留下生豆漿。

5 將兩種生豆漿倒入鍋中，加入相同份量的開水，以木杓攪拌，以大火煮開，依個人喜好加入細砂糖，攪拌均勻，立即關火，直至放涼。

6 撈去豆漿上的豆腐皮即可飲用。

注意事項

＊黃豆、黑豆、青豆、豌豆和花生仁先在冰箱冷凍室放置1小時左右，可大大縮短浸泡時間。

＊花生仁不宜去紅衣，因為花生衣有促進骨髓製造血小板的功能，還有加強毛細血管收縮及調節凝血因子缺陷的作用，營養價值頗高。

防止老年動脈硬化

豌豆綠豆漿

功效

豌豆中含有膽鹼、蛋胺酸，有助於防止動脈硬化，預防老年人易發的心血管疾病。

綠豆含有植物固醇，能減少腸道對膽固醇的吸收。

使用豆漿機

作法

1 將綠豆、豌豆、白米洗淨，倒入全自動豆漿機中。
2 加入水至標準水位的位置。
3 放上機頭，插上電源線，按下「綠豆」操作鍵，待提示音後即完成豆漿。可以直接飲用，或用濾網過濾後加糖飲用。

傳統作法

材料

綠豆90公克、豌豆20公克、白米30公克

作法

1 將綠豆洗淨，倒入水浸泡5小時，放入電鍋，以外鍋1杯水蒸熟。豌豆、白米洗淨。
2 白米放入電鍋，以外鍋1杯水蒸熟備用。
3 以1杯綠豆、2杯水的比例放入果汁機中， 放入豌豆、大米攪至最細，直至沒有顆粒。
4 將豆漿以濾網濾去殘渣，留下生豆漿。
5 將生豆漿倒入鍋中，加入相同份量的開水，以木杓攪拌，以大火煮開，依個人喜好加入細砂糖，攪拌均勻，立即關火，直至放涼。
6 撈去豆漿上的豆腐皮即可飲用。

注意事項

* 白米和豆類的比例為3：1時，最有利於蛋白質的互補和吸收，豌豆和綠豆中的離胺酸可彌補白米的不足。
* 豌豆易使人腹脹，消化不良者忌飲這款豆漿，糖尿病患者也要慎飲。

抑制老年血糖升高 燕麥豆漿

功效

燕麥是一種性質非常平和的食物，適合所有人食用，對肝、胃氣、健脾有良好的保健作用，還能幫「三高」的老人抑制血糖升高。

山藥含澱粉多，味略甜，性平不燥，適合春季護肝的養生需要，能補肺、健脾腎、除濕。當春季濕氣重時，就非常適合喝山藥豆漿。

使用豆漿機

作法

1 黃豆洗淨；枸杞洗淨，放入溫水泡軟；山藥洗淨，去皮切丁。

2 黃豆、山藥、燕麥倒入全自動豆漿機中。

3 加入水至標準水位的位置。

4 放上機頭，插上電源線，按下「乾豆」操作鍵，待提示音後即完成豆漿，撒上枸杞。可以直接飲用，或用濾網過濾後加糖飲用。

＊傳統作法＊

材料

黃豆80公克、燕麥20公克、枸杞10公克、山藥20公克

作法

1 將黃豆洗淨，倒入水浸泡5小時；枸杞洗淨，放入溫水泡軟。
2 山藥洗淨，去皮切丁，放入電鍋內，以外鍋1杯水蒸熟，放入碗內壓成泥。
3 以1杯黃豆、2杯水的比例放入果汁機中，放入山藥泥及燕麥攪至最細，直至沒有顆粒。
4 將豆漿以濾網濾去殘渣，留下生豆漿。
5 將生豆漿倒入鍋中，加入相同份量的開水，以木杓攪拌，以大火煮開，放入枸杞，依個人喜好加入細砂糖，攪拌均勻，立即關火，直至放涼。
6 撈去豆漿上的豆腐皮即可飲用。

注意事項

枸杞補腎陰要後放，先放容易有泡沫，影響口感。

好朋友來抗焦躁

紅棗豆漿

功效

燕麥含有維生素E，可促使卵巢發育完善，利於雌激素分泌，也可減少高血壓、糖尿病及心臟病的發生，且營養補鈣，健康通便。

紅棗素有「綜合微生素」之美稱，富含維生素C及胡蘿蔔素，有補血、健脾、養胃、保肝及安神之作用，強身健體。

使用豆漿機

作法

1 將黃豆洗淨，倒入水浸泡5小時；紅棗洗淨，約泡半小時，去核切塊。

2 將黃豆、燕麥片、紅棗倒入全自動豆漿機中。

3 加入水至標準水位的位置。

4 放上機頭，插上電源線，按下「養生粥」操作鍵，待提示音後即完成豆漿，撒上枸杞。可以直接飲用，或用濾網過濾後加糖飲用。

＊傳統作法＊

材料

黃豆120公克、燕麥片30公克、紅棗5個

作法

1 將黃豆洗淨，倒入水浸泡5小時；紅棗洗淨，約泡半小時，去核切塊。
2 以1杯黃豆、1杯半水的比例放入果汁機中，放入紅棗、燕麥片攪至最細，直至沒有顆粒。
3 將豆漿以濾網濾去殘渣，留下生豆漿。
4 將生豆漿倒入鍋中，加入相同份量的開水，以木杓攪拌，以大火煮開，依個人喜好加入細砂糖，攪拌均勻，立即關火，直至放涼。
5 撈去豆漿上的豆腐皮即可飲用。

注意事項　無糖豆漿也想要有濃郁的香甜，加紅棗是個好方法唷！

養沛文化館

Elegantbooks
以閱讀，享受健康生活

SMART LIVING 養身健康觀13

腸道好，人不老

作者：林新
定價：250元

規格：17×21cm・238頁・雙色

本書從弄清楚腸道基本機能開始，透過認識自己腸道的真實年齡，瞭解腸道內的有益菌群，學習科學預防和治療腸道的基本方法，讓你從一名腸道知識門外漢，成為一名解決腸道問題、精通養護腸道的健康專家！

SMART LIVING 養身健康觀10

天然飲食的驚人療癒力

作者：簡芝妍
定價：280元

規格：17×23cm・251頁・彩色

本書從天然飲食出發，先分析六大類天然飲食食材療法，幫助你預防文明病與癌症；改善各種慢性病引起的生活症狀，以及各種疑難雜症。透過天然飲食，你將發現身體會變得更為潔淨，原本暴躁的情緒也會變得比較平靜舒暢！

SMART LIVING 養身健康觀14

最完美的運動！健走

作者：養沛文化編輯部
定價：240元

規格：17×21cm・219頁・雙色

健走這種運動可說是好處多多的「綠色有氧運動」，再加上它不占場地、不用設備、不必花錢……你還等什麼呢？快加入健走的行列吧！

SMART LIVING 養身健康觀11

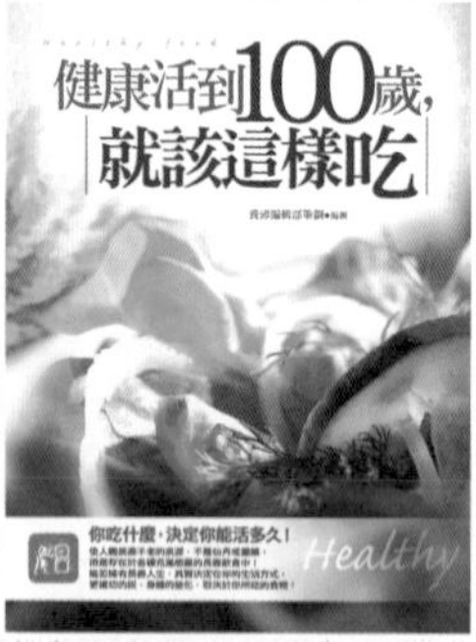

健康活到100歲，就該這樣吃

作者：養沛文化編輯部
定價：280元

規格：17×23cm・253頁・彩色

本書將帶你探討老化發生的原因，並從大腦、身體、肌膚、心理四個面向來追求整體長壽的目標。分享各種抗老化的食療與養生保養原則，讀完本書你將發現，擁有長壽人生再也不是夢想！

SMART LIVING 養身健康觀15

喝能量活水最健康

作者：楊乃彥
定價：250元

規格：17×21cm・219頁・雙色

只要懂得善用水，許多的健康問題都可迎刃而解！那麼，當你身體不舒適時，不妨喝一、兩杯水試試，感受一下來自大自然的神奇祝福吧！

SMART LIVING 養身健康觀12

陪寶貝一起抗過敏

作者：李謙
定價：280元

規格：17×21cm・221頁・雙色

打開本書，你將走進一個屬於過敏的世界，我們將一起充分而專業的學習和瞭解，在孩子成長的不同階段所可能發生的各種過敏現象，一起分享針對不同過敏性疾病的最佳對策。

SMART LIVING 養身健康觀20

新素食主義

作者：野萍
定價：250元

規格：17×21cm・271頁・雙色

素食可以淨化血液，預防各類文明病症的產生，並且養顏美容，安定情緒。而一個人一天不肉，等於一棵生長二十年大樹半個月的減碳量。愛自己也愛我們生長的環境，就從吃素開始吧！

SMART LIVING 養身健康觀21

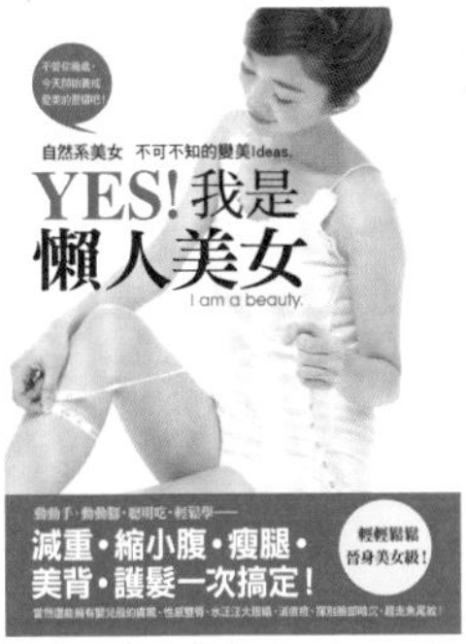

YES！我是懶人美女

作者：養沛文化編輯部
定價：240元

規格：17×21cm・187頁・彩色

這是一本可以幫助你實現美容願望的書，教你如何運用蔬菜、水果以及各項簡單方法，讓減重、縮小腹、瘦腿、美背、護髮一次搞定！

SMART LIVING 養身健康觀22

男人的幸福力

作者：劉姍
定價：240元

規格：17×21cm・201頁・雙色

現代男性最重要的話題，就是懂得保養自己的身體。當你瞭解荷爾蒙對身心的作用，適當補充體內下滑的荷爾蒙，可以讓你生理與心理都比實際年齡年輕十歲！

SMART LIVING 養身健康觀23

YES！我是無齡美女

作者：張玉
定價：250元

規格：17×23cm・233頁・彩色

本書以簡單淺顯的語言，詳析女人一生的身體狀況與需求，提供讓女人內外皆美的養生觀念及作法，介紹如何用最簡單、最低成本、最天然的方法，使你從內而外變得更健康、更美麗、更長壽、更充滿活力，成為真正的美容養生達人。

SMART LIVING 養身健康觀16

有效又簡單・在家可做的養生方

作者：養沛文化編輯部
定價：280元

規格：17×23cm・247頁・彩色

本書從頭部、手部、咽喉、肌肉、腳部、肌膚等部位，逐一分析每個症狀發生的常見原因，並提供舒緩症狀的緊急措施，還有防止症狀發生的居家因應措施，讓你毛病不上身，快樂過一生！

SMART LIVING 養身健康觀17

阿嬤的自然養生方

作者：養沛文化編輯部
定價：250元

規格：17×21cm・247頁・雙色

本書以中醫藥學為基礎，篩選了一些較有醫學根據的偏方，再為大家分析其中的有效成分，及對疾病的作用，希望讓你在瞭解偏方的原理後，再遵循醫師的指導使用，相信對一般的疾病就能有一定程度的緩解效果！

SMART LIVING 養身健康觀18

吃，決定你的健康

作者：養沛文化編輯部
定價：280元

規格：17×23cm・251頁・彩色

本書就是希望能夠讓你更瞭解食物本身對人體的好處和壞處，以及該如何處理、搭配食材，讓我們在每天的飲食中，能夠攝取到足夠的養分，更進一步享受健康滿點的人生！

SMART LIVING 養身健康觀19

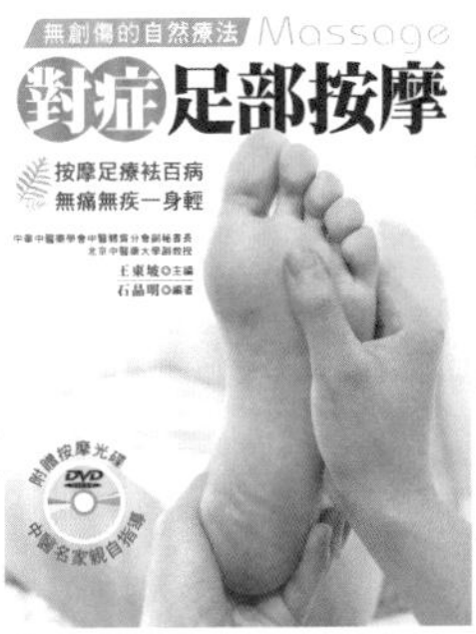

對症足部按摩

作者：王東坡主編
石晶明編著
定價：380元

規格：19×26cm・159頁・彩色

本書提供了安全、簡單、有效的足療方案，可隨時隨地進行，是一種無創傷的自然療法，也是建構健康人生的最佳利器！

SMART LIVING 養身健康觀28

冥想,是放鬆的開始

作者：張漫
定價：280元

規格：17×23 cm．240頁．彩色

20分鐘快速釋放焦慮冥想法！陀螺人適用版！冥想喚醒潛意識的感知，為心靈打開一扇窗，讓塵封已久的想法飛出去，照見自己最真實的存在。冥想可以釋放身體的壓力、代謝沉痼的心靈、擁有樂觀的自信；在冥想中，你將會發現問題被解決了，一個嶄新的開始，就在未來等著你！

SMART LIVING 養身健康觀29

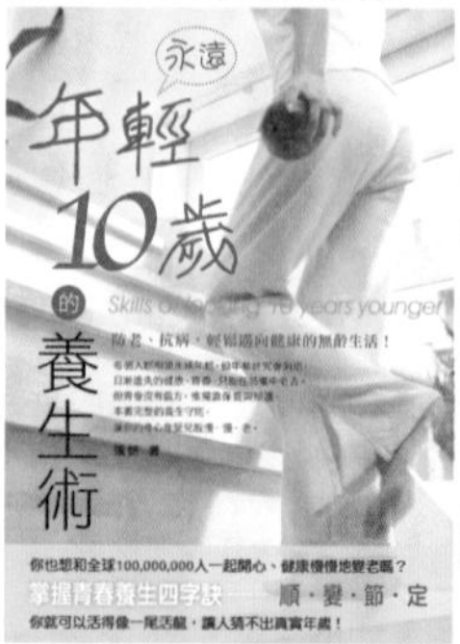

永遠年輕10歲的養生術

作者：張妍
定價：250元

規格：17×23 cm．240頁．彩色＋雙色

留住了青春，就意味著留住健康，也就是延長了壽命。其實要留住青春很簡單，最重要的是你肯不肯去做，青春不老的祕訣就藏在四個字：「順、變、節、定」。永遠年輕10歲的養生術，教你有效防老、抗病，擁有青春活力，輕鬆邁向健康的無齡的樂活生活！

SMART LIVING 養身健康觀30

男人24小時健康保養書

作者：張琦
定價：250元

規格：17×23 cm．240頁．雙色

男人啊！別讓工作脫垮體力；男人啊！別讓應酬搞倒健康，男人啊！過勞不是你的專有名詞，真正的男人最在乎的其實是自己，擁有健康才能展現男人的真本事。國內第一本專屬男人的順時養生書，讓男人鍛鍊強壯體格力，從現在開始吧！

SMART LIVING 養身健康觀31

最天然的食用油——橄欖油

作者：養沛文化編輯部
定價：280元

規格：17×23 cm．160頁．彩色

自古以來橄欖油一直被推崇為「液體黃金」，為地中海人健康長壽的祕訣之一。
因此除了要「少吃油」，更要「吃好油」，還要「會用油」才能加速身體代謝，橄欖油讓你煎、煮、炒、炸、淋都健康。

SMART LIVING 養身健康觀24

做個鹼性健康人

作者：劉正才．朱依柏．鄒金賢
定價：220元

規格：17×21cm．203頁．雙色

本書除了提出學理知識，利用酸鹼失衡的概念，說明現代人多疾病的原因，提供簡單的微鹼飲食原則，提供日常調養，及多面向響應樂活主張，教你找回自己的健康！

SMART LIVING 養身健康觀25

五色蔬果自然養生法

作者：王茜
定價：250元

規格：17×23 cm．240頁．彩色

人在最放鬆的時候，面對壓力最能應付自如。同樣地，身體也是。當身體機能出現狀況，自在地面對環境所給予的，最容易達到身體的平衡，也是最不傷害身體的方式。透過五色食物的進食，讓人體與宇宙之間形成一個相互收受、應通的關係，充分展現「天人合一」的觀念，自然的養生。

SMART LIVING 養身健康觀26

Yes!我是24小時鑽石美女

作者：劉姍
定價：250元

規格：17×23 cm．240頁．彩色

8章女人養生大問題，85個最容易忽視的小細節，專屬女人的11種養生水果&13種養生茶&8種養生湯，讓你不用再找時間運動、花大錢減壓放鬆、到處搜尋瘦身保養祕訣，從飲食、穿衣、保養、調理、生活等各層面，教你24小時享福保養祕訣，完美晉身鑽石級美女。

SMART LIVING 養身健康觀27

水分子的體內革命

作者：馬篤．養沛文化編輯部
定價：220元

規格：17×21 cm．224頁．雙色

喝足夠的水可以：預防感冒、幫助呼吸系統順暢，減輕過敏及哮喘、保護消化道，如胃、十二指腸、預防腎臟及泌尿系統疾病、保健肌肉關節、促進體內新陳代謝，預防糖尿病、高血壓、肥胖、預防癌症。水為身體帶來健康長壽的祕密，是人體最好的良藥。

SMART LIVING 養身健康觀36

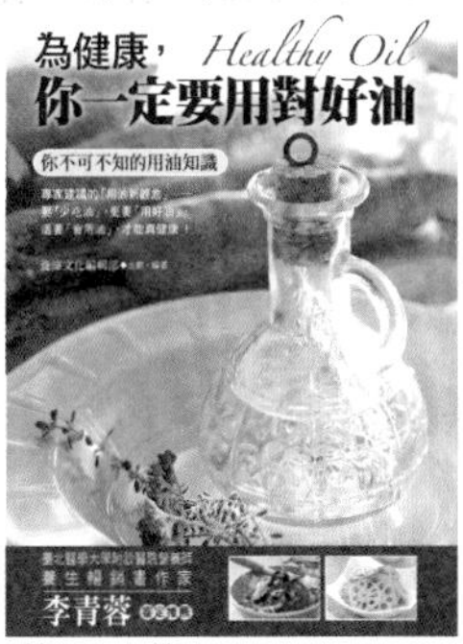

為健康，你一定要用對好油

作者：養沛文化編輯部
定價：250元

規格：17×23 cm．176頁．彩色

「少吃油」並不是健康長壽的祕密，人體細胞構造中的細胞膜，有一半以上是脂肪的成分，如果油脂攝取不足，細胞膜的結構就會有缺陷。因此，想要健康的身體，就必須要攝取足夠的油脂，食用好油。而是「吃好油」、「會用油」，才能真健康。

SMART LIVING 養身健康觀37

學會呼吸，活到天年

作者：養沛文化編輯部
定價：240元

規格：17×23 cm．160頁．彩色

當壓力、生活習慣帶給人們越來越多的焦慮、壓力、循環不暢……等疾病症狀，使人們的呼吸越來越快速且淺薄。這都是自律神經失調的緣故。當自律神經失調，則會引發焦慮、恐慌等各種身體疾病。而呼吸能調節自律神經，讓身體自癒。本書全圖解深呼吸自然養生法，讓身體好放鬆！

SMART LIVING 養身健康觀38

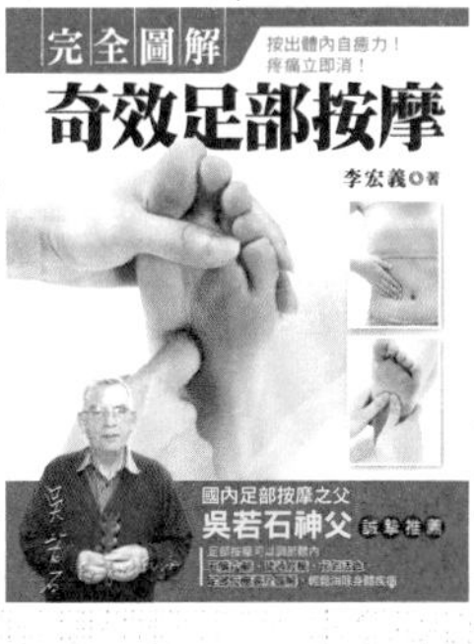

完全圖解．奇效足部按摩

作者：李宏義
定價：360元

規格：21×26cm．160頁．彩色

以按摩手法刺激反射區，讓血液回流心臟，調節身體平衡，恢復器官正常功能，調節體內五臟六腑、疏通經脈、行氣活血。本書以反射區全圖解示範，不用記位置、不用背穴道，只要在身體關鍵處，壓一壓、按一按、刮一刮即可啟動身體自癒力，輕鬆消除身體疾病，讓身體進行修復工程，真神奇。

SMART LIVING 養身健康觀39

女人都該懂的荷爾蒙青春術

作者：劉姍
定價：250元

規格：17×23cm．208頁．套色

女性的月經是否規律，皮膚是否光滑，身材是否圓潤，代謝是否正常，都與激素息息相關。若在青春期、成熟期、更年期的女性三春，荷爾蒙調養得當，則可以窈窕、年輕、美麗，是最好的抗老藥。因此掌握青春不老的祕密關鍵就在平衡身體激素，讓荷爾蒙維持平衡，才能永保青春與美麗。

SMART LIVING 養身健康觀32

搞定荷爾蒙

作者：楊彥傑
定價：250元

規格：17×23 cm．240頁．雙色

本書詮釋時下最流行的幾種荷爾蒙理論，瞭解最先進的荷爾蒙平衡技巧，從不同角度來健康有效地管理荷爾蒙，學習各種平衡荷爾蒙的生活方式、健康食譜，和其他有趣的輔助方法，帶你一窺荷爾蒙祕密，讓你以最天然的方式養生、養身、養心。

SMART LIVING 養身健康觀33

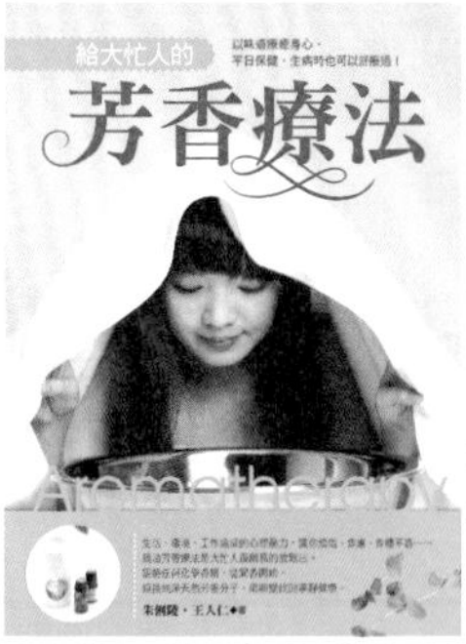

給大忙人的芳香療法

作者：朱俐陵．王人仁
定價：350元

規格：17×23 cm．256頁．彩色

本書以化繁為簡、深入淺出的說法，帶你認識芳香療法的基礎知識；以最專業的角度，讓你不用上學堂也能認識居家常用30種精油植物；以常見居家30餘種病症，對症給予輔助改善，讓你在家也能舒服過。放輕鬆，大忙人也可以做個最健康的人。

SMART LIVING 養身健康觀34

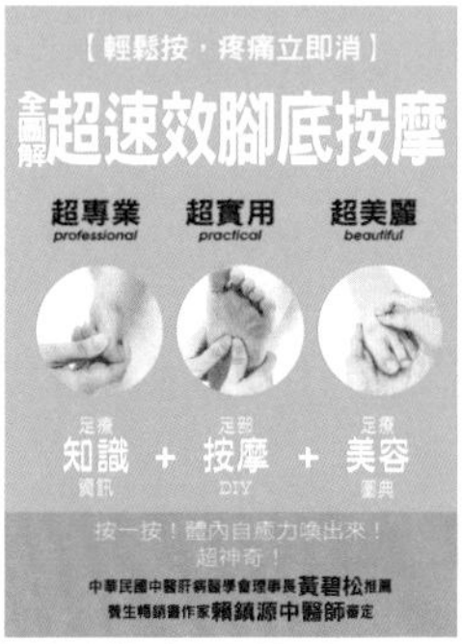

全圖解超速效腳底按摩

作者：養沛文化編輯部
定價：250元

規格：17×23 cm．154頁．彩色

人體器官各部位在足部都有反射區，以按摩手法刺激反射區，透過血液循環、神經傳導，能調節機能平衡、恢復器官正常功能。只有對足部進行按摩，活絡血液，讓血液回流，才可以強身健體，收到祛病健身之效，如此一來便可達到紓經活絡、鬆弛全身之目的。

SMART LIVING 養身健康觀35

蜂膠的驚奇療效

作者：石塚忠生
定價：299元

17×21cm．304頁．雙色

平時我們服用化學合成藥物對人體會產生排斥反應，但蜂膠對於難以治療的疾病，可產生出乎意外的良好效果，不僅能輔助治療，病患也可實際感覺到情況好轉。本書作者聯合了日本最知名的74位名醫，針對患者使用蜂膠的過程及藥效提出意見，開啟自然療法的新時代。

SMART LIVING 養身健康觀44

人體排汗排毒手冊

作者：張媛媛
定價：280元

規格：17×23 cm・224頁・套色+彩色

流汗排毒對於排出那些附著在皮膚表層的毒素格外直接、有效，它可及時阻止此類毒素透過血液循環遍布全身，給身體帶來更大的傷害，這是其他排毒方法無法做到的。能提高人體免疫力、預防心腦血管疾病、維持機體內部的酸鹼平衡，避免毒素廢物積淤體內，形成不良的循環，且釋放人體過多的壓力，維持身心的平衡。

SMART LIVING 養身健康觀45

自然養生，提升免疫力

作者：養沛文化編輯部
定價：240元

規格：17×23 cm・160頁・彩色

免疫系統是生物體內一個能辨識出「非自體物質」（通常是外來的病菌）、從而將之消滅或排除的整體工程之統稱。免疫失常會導致疾病的發生。本書從免疫力的原理帶你認識自體的疾病從何而來，並以自然、不吃藥的養生的立場，帶你從飲食、睡眠及自然療法平衡身體免疫力，維持酸鹼平衡，淨化排毒體內積淤廢物，讓疾病通通遠離，身體健康不生病。

SMART LIVING 養身健康觀46

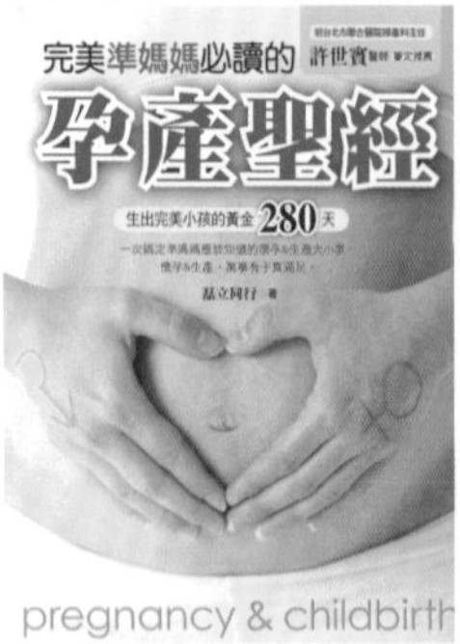

完美準媽媽必讀的孕產聖經

作者：磊立同行
定價：280元

規格：17×23 cm・224頁・彩色

每個準媽媽在準備懷孕的那一剎那，即是一個驚喜的開始，為了這即將誕生的寶寶，準媽媽需要在生理、心理、環境等各項準備周全，才能在這懷孕的九個月中，順利生產。本書以人母、專家的經驗告訴你，準媽媽應該知道的懷孕&生產大小事。一次搞定準媽媽應該知道的懷孕&生產大小事，萬事有子真滿足。

SMART LIVING 養身健康觀47

好好睡，健康活到老

作者：王自立
定價：240元

頁數：17×23cm・208頁・套色

本書集結以醫學及科學的角度，教你高效睡眠法。如舒服的睡姿、精確的生物時鐘、緩解睡眠的情緒、提高工作效率的午睡法等。並且以運動、泡澡、冥想、按摩、薰香、音樂、催眠等方法緩解你的焦慮，協助你安心入眠。書末以簡易打造居家睡眠環境的方法及飲食讓你能一夜入眠。

SMART LIVING 養身健康觀40

能量靜坐

作者：養沛文化編輯部
定價：250元

規格：17×23cm・144頁・彩色

醫學研究證實靜坐可以重新抵抗壓力，恢復精神，延緩高血壓、心臟病、偏頭痛、慢性疼痛、更年期不適、預防癌症等疾病。每天三十分鐘能量靜坐，能影響腦部活動，尤其大腦邊緣神經系統，新陳代謝、血壓、呼吸和心跳速率也隨之放慢，透過身體深層的活動，啟發自癒力，幫助現代人重建身、心、靈的統合。

SMART LIVING 養身健康觀41

養腦飲食書

作者：養沛文化編輯部
定價：250元

規格：17×23cm・160頁・彩色

人體的腦部是可以藉由食物營養而改變的，透過健康均衡的飲食，可以改變我們的大腦與身體，讓頭腦保持靈活，心情更加愉快，人自然變得積極有活力。主宰自己的大腦，只要有效控制身體生理指數、調節心理狀態，你就可以確實降低、延緩腦退化疾病發生的風險，吃出優質活力腦。

SMART LIVING 養身健康觀42

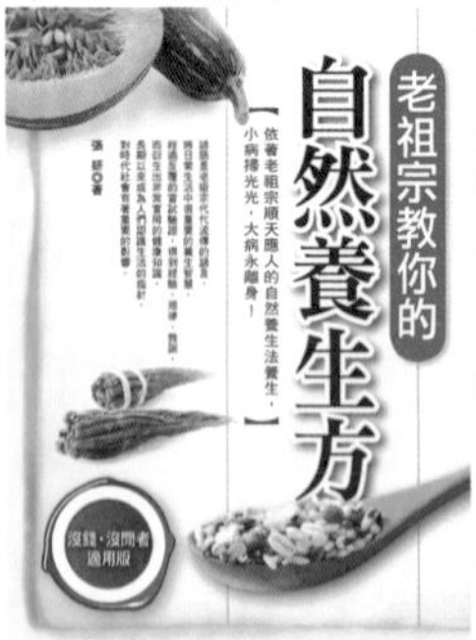

老祖宗教你的自然養生方

作者：張妍
定價：240元

規格：17×23cm・256頁・套色

諺語是老祖宗代代流傳的語言，將日常生活中很重要的養生智慧，經過反覆的嘗試驗證，得到經驗、規律、教訓，而衍生出非常實用的健康知識，長期以來成為人們認識生活的指針，對時代社會有著重要的影響。依著老祖宗生順天應人的自然觀，讓你與自然協調，使身體擁有自在運行的規律，自然的養生。

SMART LIVING 養身健康觀43

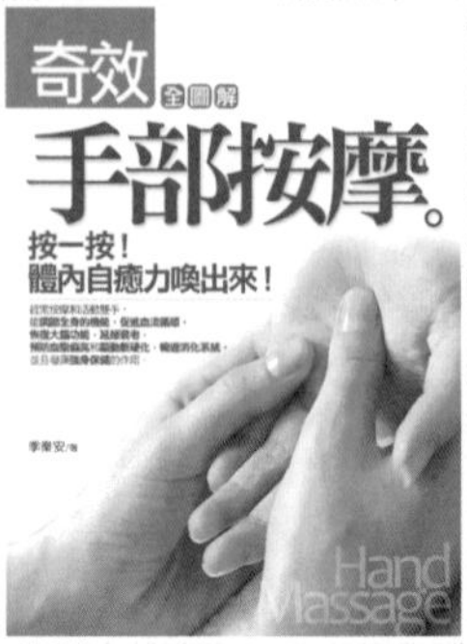

全圖解奇效手部按摩

作者：季秦安
定價：250元定價：300元

規格：17×23 cm・272頁・套色+彩色

根據中醫的整體學說和生物全息律學說，臟腑、組織、器官等的生理功能變化都能反應到手部。經常按摩手部反射區，能調節全身機能，促進血流循環，保持大腦智力，延緩衰老，預防三高疾病，維護消化系統暢通。

SMART LIVING 養身健康觀53

新手媽媽一定要學的哺乳經

作者：磊立同行
定價：280元

規格：17×23公分．224頁．雙色

母乳是媽媽給孩子的第一份禮物，為媽媽與寶寶之間建立親密的關係，親餵母乳不但能提供寶寶更優質的營養，也能為親子關係建立一座橋梁。哺乳讓媽媽更有責任感、成就感、更加瞭解寶寶；讓寶寶更有安全感、心理發育更健全、更聰明，與媽媽更親密。

SMART LIVING 養身健康觀54

搞定MC：補血＆補氣作個元氣美人【全圖解】

作者：張妍
定價：280元

規格：17×23公分．240頁．彩色

氣血是人體的能量，如果氣血充盈，則身體就健康有活力；如果氣血虛弱，則身體各器官就無法得到營養。本書以天然的方式保養女性的卵巢，透過飲食、運動、按摩的調理，讓女性補血、補氣，保持健康、青春、窈窕，不痛經、不煩躁、延緩衰老，以不吃藥的方法度過生理期的每個階段。

SMART LIVING 養身健康觀55

跟著營養學博士學身心排毒

作者：楊乃彥
定價：250元

規格：17×23公分．224頁．彩色

本書以西方的營養科學進入，並兼以東方養生智慧全觀，是最能滿足現代人的整體養生保健。從解壓、休息、排毒促進生命力、自癒力，以最天然的方式排除身體的毒素，讓身體輕鬆無負擔，三個月讓你打造健康好體質！

SMART LIVING 養身健康觀56

原來都是子宮在求救

作者：東舘紀子
定價：280元

規格：17×23公分．208頁．套色

你常腰痠、經痛？腰痠、貧血，甚至不孕、腹脹……小心你可能是子宮肌瘤與子宮內膜異位症的患者。早期發現、早期治療，才可以幸福的擁有健康。完整的子宮知識，以正確的觀念面對子宮疾病，不用手術也能幸福地擁有健康。

SMART LIVING 養身健康觀49

飲水大革命（暢銷新裝版）

作者：楊乃彥
定價：220元

規格：17×21公分．176頁．彩色

這是個迎接補「氫」時代的來臨，如何在家複製長壽村飲水的健康方案。水是生命之源，是身體的主要成分，也是改善健康最快速的物質！而氫是水中不可或缺的元素，更是宇宙和人體的最重要元素，補充「負氫離子」，就是補充生命的基礎及生命力！

SMART LIVING 養身健康觀50

清毒素．改善體質．自然飲食大實踐 愛喝手作新鮮蔬果汁（暢銷新裝版

作者：于智華
定價：250元

規格：17×23公分．160頁．彩色

行政院衛生署國民健康局提倡一「一日五蔬果」，一份一百公克，三份蔬菜二份水果，為一般人一天攝取最低量。以蔬果榨汁，可以改變體質增加飲食的食用量，對於腸胃不佳的人來說是最好吸收營養的方法。本書100道健康蔬果汁，餐餐讓你擁有美味及好氣色，健康不生病。

SMART LIVING 養身健康觀51

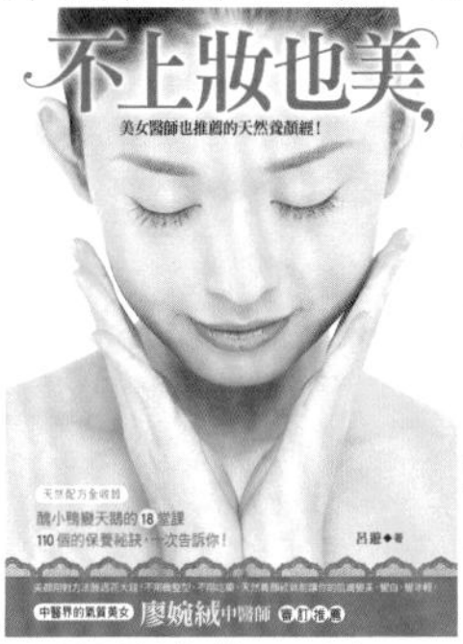

不上妝也美：美女醫師也推薦的天然養顏經！

作者：呂遊
定價：240元

規格：17×23公分．224頁．彩色

本書作者推崇低碳天然護膚，以天然的方式養顏，是身體最沒負擔的方式。不論是基礎調理、問題肌膚甚至局部護理，去除掉化學製品的煩惱，你也能以天然的方式保養自己的肌膚。

SMART LIVING 養身健康觀52

跟著營養學博士學養生：90天強化體質大改造

作者：楊乃彥
定價：250元

17×23公分．224頁．彩色

楊乃彥結合西方營養科學與東方養生智慧，找到身心靈平衡且健康的祕訣。從天然食物支持身體正常功能，來預防及治療疾病，並藉由飲食的新觀念、到維持體能的運動全方位養生概念，三個月打造健康好體質。

國家圖書館出版品預行編目資料

愛上豆漿機（暢銷新裝版）/ 養沛文化編輯部著.
-- 二版.-- 新北市 : 養沛文化館, 2014.04
面； 公分. -- (SMART LIVING養身健康觀 ; 48)
ISBN 978-986-6247-96-5 (平裝)
1.大豆 2.飲料 3.豆腐食譜

427.33 103005748

【SMART LIVING養身健康觀】 48
愛上豆漿機（暢銷新裝版）

作　　者／養沛文化編輯部
發 行 人／詹慶和
總 編 輯／蔡麗玲
企劃・整編／何錦雲
執行編輯／白宜平
編　　輯／蔡毓玲・劉蕙寧・黃璟安・陳姿伶・李佳穎
執行美編／陳麗娜
美術編輯／李盈儀・周盈汝
攝　　影／數位美學・賴光煜
出 版 者／養沛文化館
發 行 者／雅書堂文化事業有限公司
郵政劃撥帳號／18225950
戶　　名／雅書堂文化事業有限公司
地　　址／新北市板橋區板新路206號3樓
電子信箱／elegant.books@msa.hinet.net
電　　話／(02) 8952-4078
傳　　真／(02) 8952-4084

2012年05月初版一刷　2014年04月二版一刷　定價280元

總經銷／朝日文化事業有限公司
進退貨地址／235新北市中和區橋安街15巷1號7樓
電話／（02）2249-7714
傳真／（02）2249-8715
星馬地區總代理：諾文文化事業私人有限公司
新加坡／Novum Organum Publishing House (Pte) Ltd.
20 Old Toh Tuck Road, Singapore 597655.
TEL： 65-6462-6141　FAX：65-6469-4043
馬來西亞／Novum Organum Publishing House (M) Sdn. Bhd.
No. 8, Jalan 7/118B, Desa Tun Razak, 56000 Kuala Lumpur, Malaysia
TEL：603-9179-6333　FAX：603-9179-6060